高职化工类模块化系列教材

化工单元装置实训

李雪梅　主　编
高雪玲　蒋麦玲　副主编

化学工业出版社
·北京·

内 容 简 介

化工单元装置实训是一门以化工单元操作过程原理和设备为主要内容，以处理工程问题的实训研究方法为特色的实践性课程。《化工单元装置实训》介绍了化工原理实验与实训有关的方法论、实验数据的处理与分析、化工常见物理量的测量、化工单元操作实训与安全；精选了九个化工单元操作实训项目，包括离心泵性能测定实训、流体流动阻力测定实训、流量计校核综合实训、化工传热综合实训、洞道干燥实训、转盘萃取塔实训、双效蒸发实训、流化床干燥实训、萃取塔实训。为学生实现职业角色的转变奠定了基础。本书配套了二维码数字资源，包括关键设备动画和多个装置操作视频，便于学生理解和掌握。

本书适合职业本科、高职院校应用化工、石油化工类等专业学生使用。

图书在版编目（CIP）数据

化工单元装置实训/李雪梅主编；高雪玲，蒋麦玲副主编.—北京：化学工业出版社，2022.10
高职化工类模块化系列教材
ISBN 978-7-122-42558-4

Ⅰ.①化… Ⅱ.①李…②高…③蒋… Ⅲ.①化工单元操作-高等职业教育-教材 Ⅳ.①TQ02

中国版本图书馆 CIP 数据核字（2022）第 212774 号

责任编辑：王海燕　张双进　　　　　　　　文字编辑：张凯扬　陈小滔
责任校对：张茜越　　　　　　　　　　　　装帧设计：李子姮

出版发行：化学工业出版社（北京市东城区青年湖南街13号　邮政编码100011）
印　　装：三河市延风印装有限公司
787mm×1092mm　1/16　印张17¼　字数414千字　2024年2月北京第1版第1次印刷

购书咨询：010-64518888　　　　　　　　　售后服务：010-64518899
网　　址：http://www.cip.com.cn
凡购买本书，如有缺损质量问题，本社销售中心负责调换。

定　　价：49.00元　　　　　　　　　　　　　　　　　　版权所有　违者必究

高职化工类模块化系列教材
编审委员会名单

顾　　　问：于红军

主 任 委 员：孙士铸

副主任委员：刘德志　辛　晓　陈雪松

委　　　员：李萍萍　李雪梅　王　强　王　红
　　　　　　韩　宗　刘志刚　李　浩　李玉娟
　　　　　　张新锋

序

目前，我国高等职业教育已进入高质量发展时期，《国家职业教育改革实施方案》明确提出了"三教"（教师、教材、教法）改革的任务。三者之间，教师是根本，教材是基础，教法是途径。东营职业学院石油化工技术专业群在实施"双高计划"建设过程中，结合"三教"改革进行了一系列思考与实践，具体包括以下几方面：

1. 进行模块化课程体系改造

坚持立德树人，基于国家专业教学标准和职业标准，围绕提升教学质量和师资综合能力，以学生综合职业能力提升、职业岗位胜任力培养为前提，持续提高学生可持续发展和全面发展能力。将德国化工工艺员职业标准进行本土化落地，根据职业岗位工作过程的特征和要求整合课程要素，专业群公共课程与专业课程相融合，系统设计课程内容和编排知识点与技能点的组合方式，形成职业通识教育课程、职业岗位基础课程、职业岗位课程、职业技能等级证书（1+X证书）课程、职业素质与拓展课程、职业岗位实习课程等融理论教学与实践教学于一体的模块化课程体系。

2. 开发模块化系列教材

结合企业岗位工作过程，在教材内容上突出应用性与实践性，围绕职业能力要求重构知识点与技能点，关注技术发展带来的学习内容和学习方式的变化；结合国家职业教育专业教学资源库建设，不断完善教材形态，对经典的纸质教材进行数字化教学资源配套，形成"纸质教材＋数字化资源"的新形态一体化教材体系；开展以在线开放课程为代表的数字课程建设，不断满足"互联网＋职业教育"的新需求。

3. 实施理实一体化教学

组建结构化课程教学师资团队，把"学以致用"作为课堂教学的起点，以理实一体化实训场所为主，广泛采用案例教学、现场教学、项目教学、讨论式教学等行动导向教学法。教师通过知识传授和技能培养，在真实或仿真的环境中进行教学，引导学生将有用的知识和技能通过反复学习、模仿、练习、实践，实现"做中学、学中做、边做边学、边学边做"，使学生将最新、最能满足企业需要的知识、能力和素养吸收、固化成为自己的学习所得，内化于心、外化于行。

本次高职化工类模块化系列教材的开发，由职教专家、企业一线技术人员、专业教师联合组建系列教材编委会，进而确定每本教材的编写工作组，实施主编负责制，结合化工行业企业工作岗位的职责与操作规范要求，重新梳理知识点与技能点，把职业岗位工作过程与教学内容相结合，进行模块化设计，将课程内容按知识、能力和素质，编排为合理的课程模块。

本套系列教材的编写特点在于以学生职业能力发展为主线，系统规划了不同阶段化工类专业培养对学生的知识与技能、过程与方法、情感态度与价值观等方面的要求，体现了专业教学内容与岗位资格相适应、教学要求与学习兴趣培养相结合，基于实训教学条件建设将理论教学与实践操作真正融合。教材体现了学思结合、知行合一、因材施教，授课教师在完成基本教学要求的情况下，也可结合实际情况增加授课内容的深度和广度。

  本套系列教材的内容，适合高职学生的认知特点和个性发展，可满足高职化工类专业学生不同学段的教学需要。

高职化工类模块化系列教材编委会

2021 年 1 月

前言

高等职业教育的目标是培养具有一定理论水平、较强实际技能的职业性人才。本教材围绕技术应用能力这条主线来设计知识、能力、素质结构，加强学生的基本实践能力与操作技能、专业技术应用能力与专业技能、综合实践能力与综合技能的培养，面向化工、石油生产单位，培养化工生产、操作方面的高级应用型人才。

开设化工单元装置实训课，是培养学生科学实训能力的一种有效措施，化工单元操作课程展示了一系列化工生产过程中特有的现象和规律，介绍了化工设备的特点和性能，这些内容对多数学生来说是比较生疏的。化工单元装置实训能使学生观察到某些生动的现象，直接检验某些重要的理论和规律，直接测取某些设备的性能参数。通过化工单元装置实训，让学生熟悉每项实训的目的、理论依据、实训装置和实训方法，培养他们科学实训的能力。此外，该实训的目的是理论联系实际，化工过程由很多单元过程和设备组成，学生应该运用理论去指导并且能够独立进行化工单元的操作，应能使用现有设备完成指定的任务，并预测某些参数的变化对过程的影响。

化工单元装置实训课程利用丰富的图片，将化工单元操作的步骤详尽描述出来，将难度较大、复杂程度较高的操作步骤图片化，同时配套了二维码数字资源，便于学生的理解和掌握。让学生轻松掌握实验实训的操作步骤，不至于在实训的过程中因文字理解上的偏差造成实训错误操作而发生实训室安全事故，也可避免设备因使用不当造成的损坏。

《化工单元装置实训》是化工单元装置实训课程的配套教材，具体包括离心泵性能测定实训、流体流动阻力测定实训、流量计校核综合实训、化工传热综合实训、洞道干燥实训、转盘萃取塔实训、双效蒸发实训、流化床干燥实训、萃取塔实训九个模块的内容。实训内容包括实训前的装置认知、实训步骤、实训注意事项及实训完成后的数据处理，使学生先从流程、设备、管道、阀门等整体上认识装置，然后进行实训操作，最后通过实训数据的处理归纳出相应的理论，使学生在实训中实现由理论到实践再到理论的飞跃，符合学生的认知规律。

本书由李雪梅担任主编。李雪梅、蒋麦玲负责编写模块一、二、八；李雪梅、蒋麦玲、霍连波负责编写模块三；李雪梅、高雪玲负责编写模块四、五、六、九；李雪梅、刘鹏鹏负责编写模块七。本书最终由李雪梅统稿，东营职业学院孙士铸教授主审。

本书的部分二维码数字资源来自于北京东方仿真软件技术有限公司，在此表示衷心的感谢。

限于编者水平，疏漏之处在所难免，敬请读者批评指正。

编者

2022 年 4 月

目录

模块一
离心泵性能测定实训　　/1

　　任务一　离心泵性能测定实训装置认知　　/2
　　　　一、离心泵性能测定实训装置设备简介　　/2
　　　　二、离心泵性能测定实训装置仪表简介　　/2
　　　　三、离心泵性能测定实训装置阀门简介　　/3
　　　　四、离心泵性能测定实训装置流程简介　　/4

　　任务二　离心泵性能的测定　　/6
　　　　一、离心泵性能测定实训目的　　/6
　　　　二、离心泵性能测定实训内容　　/6
　　　　三、离心泵性能测定实训原理　　/6
　　　　四、离心泵性能测定实训操作方法　　/7
　　　　五、离心泵性能测定实训操作步骤　　/7

　　任务三　数据处理　　/19
　　　　一、数据处理过程举例　　/19
　　　　二、实训任务单　　/23

模块二
流体流动阻力测定实训　　/29

　　任务一　流体流动阻力测定实训装置认知　　/30
　　　　一、流体流动阻力测定实训装置设备简介　　/30
　　　　二、流体流动阻力测定实训装置仪表简介　　/31
　　　　三、流体流动阻力测定实训装置阀门简介　　/33
　　　　四、流体流动阻力测定实训装置流程简介　　/34

任务二　流体流动阻力的测定　/35

　　一、流体流动阻力测定实训目的　/35

　　二、流体流动阻力测定实训内容　/36

　　三、流体流动阻力测定实训原理　/36

　　四、流体流动阻力测定实训准备　/37

　　五、光滑管阻力测定实训　/38

　　六、粗糙管阻力测定实训　/43

　　七、局部阻力测定实训　/49

任务三　数据处理　/54

　　一、数据处理过程举例　/54

　　二、实训任务单　/57

模块三
流量计校核综合实训　/61

任务一　流量计校核综合实训装置认知　/62

　　一、流量计校核综合实训装置设备简介　/62

　　二、流量计校核综合实训装置仪表简介　/62

　　三、流量计校核综合实训装置阀门简介　/64

　　四、流量计校核综合实训装置流程简介　/64

任务二　流量计的校核　/66

　　一、流量计校核综合实训目的　/66

　　二、流量计校核综合实训内容　/66

　　三、流量计校核综合实训原理　/67

　　四、计算机控制流量计校核综合实训　/67

任务三　数据处理　/75

　　一、数据处理过程举例　/75

　　二、实训任务单　/78

模块四
化工传热综合实训 /81

任务一 化工传热综合实训装置认知 /82
一、化工传热综合实训装置设备简介 /82
二、化工传热综合实训装置阀门简介 /85
三、化工传热综合实训装置仪表简介 /85
四、化工传热综合实训装置流程简介 /86

任务二 套管式换热器光滑管实训 /88
一、套管式换热器光滑管实训目的 /88
二、套管式换热器光滑管实训内容 /88
三、套管式换热器光滑管实训原理 /89
四、套管式换热器光滑管实训操作步骤 /90
五、套管式换热器光滑管实训注意事项 /96
六、数据记录及数据处理过程 /96

任务三 套管式换热器粗糙管实训 /101
一、套管式换热器粗糙管实训目的 /101
二、套管式换热器粗糙管实训内容 /101
三、套管式换热器粗糙管实训原理 /101
四、套管式换热器粗糙管实训步骤 /102
五、套管式换热器粗糙管实训注意事项 /103
六、数据记录及数据处理 /104

任务四 列管式换热器全流通实训 /110
一、列管式换热器全流通实训目的 /110
二、列管式换热器全流通实训内容 /110
三、列管式换热器全流通实训原理 /110
四、列管式换热器全流通实训操作步骤 /110

　　　　五、列管式换热器全流通实训注意事项　/114

　　　　六、数据记录及数据处理　/114

　　任务五　列管式换热器半流通实训　/118

　　　　一、列管式换热器半流通实训目的　/118

　　　　二、列管式换热器半流通实训内容　/118

　　　　三、列管式换热器半流通实训原理　/118

　　　　四、列管式换热器半流通实训操作步骤　/118

　　　　五、列管式换热器半流通实训注意事项　/118

　　　　六、数据记录及数据处理　/120

模块五
洞道干燥实训　/125

　　任务一　洞道干燥实训装置认知　/126

　　　　一、洞道干燥实训装置设备简介　/126

　　　　二、洞道干燥实训装置阀门简介　/128

　　　　三、洞道干燥实训装置仪表简介　/128

　　　　四、洞道干燥实训装置流程简介　/129

　　任务二　干燥曲线和干燥速率曲线的测定　/130

　　　　一、干燥曲线和干燥速率曲线的测定实训目的　/130

　　　　二、干燥曲线和干燥速率曲线的测定实训内容　/131

　　　　三、干燥曲线和干燥速率曲线的测定实训原理　/131

　　　　四、干燥曲线和干燥速率曲线的测定实训注意事项　/132

　　　　五、干燥曲线和干燥速率曲线的测定实训操作　/132

　　任务三　数据处理　/140

　　　　一、数据处理过程举例　/140

　　　　二、数据处理结果　/144

模块六
转盘萃取塔实训 /149

任务一 转盘萃取塔实训装置认知 /150
一、转盘萃取塔实训装置设备简介 /150
二、转盘萃取塔实训装置阀门简介 /153
三、转盘萃取塔实训装置仪表简介 /154
四、转盘萃取塔实训装置流程简介 /155

任务二 转盘萃取塔实训 /156
一、转盘萃取塔实训目的 /156
二、转盘萃取塔实训内容 /156
三、转盘萃取塔实训原理 /157
四、转盘萃取塔实训方法及步骤 /157
五、转盘萃取塔实训操作注意事项 /163

任务三 数据处理 /165
一、数据处理过程举例 /165
二、数据处理过程及结果 /168

模块七
双效蒸发实训 /173

任务一 双效蒸发实训装置的基本情况 /174
一、双效蒸发实训设备简介 /174
二、双效蒸发实训装置阀门简介 /179
三、双效蒸发实训装置仪表简介 /179
四、双效蒸发实训装置流程简介 /180

任务二　双效蒸发实训　/182

　　一、双效蒸发实训目的　/182

　　二、双效蒸发实训内容　/182

　　三、双效蒸发实训原理　/182

　　四、双效蒸发实训前准备工作　/183

　　五、双效蒸发实训注意事项　/183

　　六、双效蒸发实训操作　/184

任务三　数据处理　/186

　　一、数据处理过程举例　/186

　　二、任务单　/188

模块八
流化床干燥实训　/191

任务一　流化床干燥实训装置认知　/192

　　一、流化床干燥实训装置设备简介　/192

　　二、流化床干燥实训装置仪表简介　/194

　　三、流化床干燥实训装置阀门简介　/195

　　四、流化床干燥实训装置工艺流程图　/196

任务二　流化床干燥实训　/199

　　一、流化床干燥实训目的　/199

　　二、流化床干燥的基本原理　/199

　　三、流化床干燥实训内容及操作规程　/200

　　四、流化床干燥实训装置操作　/200

　　五、流化床干燥实训装置操作注意事项　/216

　　六、流化床干燥实训装置技能考核　/216

任务三　数据处理　/216

　　一、数据处理过程举例　/216

二、任务单 /218

模块九
萃取塔实训 /221

任务一 萃取塔实训装置认知 /222
  一、萃取塔实训装置设备简介 /222
  二、萃取塔实训装置阀门简介 /226
  三、萃取塔实训装置仪表简介 /228
  四、萃取塔实训装置流程简介 /229
  五、控制面板简介 /230

任务二 萃取装置操作 /231
  一、萃取装置实训目的 /231
  二、萃取装置实训内容 /232
  三、萃取装置实训原理 /232
  四、萃取装置实训操作 /233
  五、记录数据表格 /255
  六、萃取塔实训操作异常现象排除训练 /256

任务三 数据处理 /256
  一、数据处理过程 /256
  二、数据处理结果 /257

参考文献 /259

配套二维码数字资源一览表

序号	名称	页码
1	离心泵原理展示	2
2	涡轮流量计原理展示	3
3	闸阀原理展示	3
4	球阀原理展示	4
5	离心泵实训装置开车准备操作	7
6	离心泵实训装置泵性能测定操作	10
7	离心泵实训装置管路特性测定操作	13
8	离心泵实训装置双泵并联性能测定操作	13
9	离心泵实训装置双泵串联性能测定操作	17
10	流体流动阻力实训装置开车准备操作	37
11	流体流动阻力实训装置光滑管路阻力测定小流量操作	38
12	流体流动阻力实训装置光滑管路阻力测定大流量操作	42
13	流体流动阻力实训装置粗糙管阻力测定小流量操作	43
14	流体流动阻力实训装置粗糙管阻力测定大流量操作	48
15	流体流动阻力实训装置局部阻力测定远端压差测定操作	49
16	流体流动阻力实训装置停车操作	52
17	流量计校核综合实训装置开车准备操作	67
18	流量计校核综合实训装置文丘里流量计性能测定操作	68
19	流量计校核综合实训装置孔板流量计性能测定操作	70
20	流量计校核综合实训装置转子流量计标定测量操作	72
21	流量计校核综合实训装置停车操作	74
22	套管式换热器光滑管实训装置开车准备操作	90
23	套管式换热器粗糙管实训装置开车准备操作	102
24	套管式换热器粗糙管实训装置对流传热系数测定操作	102
25	列管式换热器全流通实训装置开车准备操作	110
26	列管式换热器冷流体全流通实训装置开车操作	110
27	列管式换热器半流通实训装置开车准备操作	118
28	列管式换热器冷流体半流通实训装置开车操作	118
29	洞道干燥实训装置开车准备操作	133
30	洞道干燥实训装置开车操作	133
31	洞道干燥实训装置停车操作	137
32	转盘萃取塔实训装置开车准备操作	157
33	转盘萃取塔实训装置开车操作	158

续表

序号	名称	页码
34	转盘萃取塔实训装置停车操作	162
35	双效蒸发实训装置开车准备操作	183
36	双效蒸发实训装置开车操作	184
37	双效蒸发实训装置停车操作	185
38	流化床实训装置开车准备操作	200
39	流化床实训装置开车操作	201
40	萃取塔实训装置开车准备操作	233
41	萃取塔实训装置开车操作	249
42	萃取塔实训装置停车操作	255

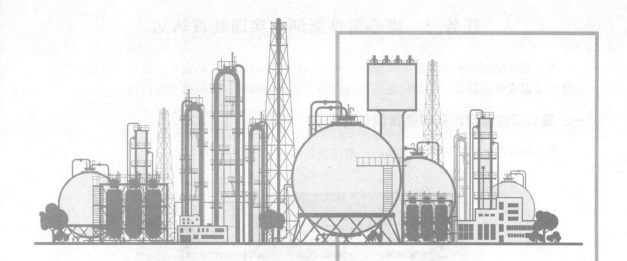

模块一

离心泵性能测定实训

离心泵是化工生产中常见的流体输送装置，离心泵属于离心式液体输送机械，应用最为广泛，其特点是结构简单、流量均匀、适应性强、易于调节。在一定的型号和转速下，离心泵的扬程H、轴功率N及效率η均随流量Q变化而改变。通常通过实训测出$H\text{-}Q$、$N\text{-}Q$及$\eta\text{-}Q$关系，并用曲线表示之，称为特性曲线。特性曲线是确定泵的适宜操作条件和选用泵的重要依据。本模块介绍离心泵的性能曲线测定。

任务一　离心泵性能测定实训装置认知

离心泵性能测定实训装置主要设备为离心泵；主要的仪表包括涡轮流量计、进出口压力表及水箱温度传感器等；本套装置涉及的阀门主要包括闸阀、球阀两种阀门。

一、离心泵性能测定实训装置设备简介

离心泵性能测定实训装置涉及的主要设备是离心泵（图1.1）。

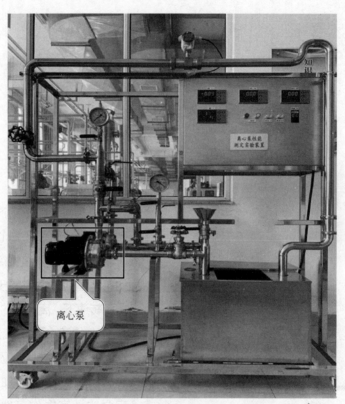

离心泵原理展示

图1.1　离心泵

离心泵属于离心式液体输送机械，应用最为广泛，其特点是结构简单、流量均匀、适应性强、易于调节。离心泵启动前，必须先将所送液体灌满，吸入管路、叶轮和泵壳，这种操作称为灌泵。在离心力作用下，液体由叶轮中心被甩向边缘并获得机械能，以较高的线速度离开叶轮进入蜗形泵壳，在壳内由于流道不断扩大，液体流速渐减而压强渐增，最终以较高的压强沿泵壳的切向流至排出管。

二、离心泵性能测定实训装置仪表简介

离心泵性能测定实训涉及的仪表（图1.2）主要包括涡轮流量计、离心泵的进出口压力表及水箱的温度传感器。

图 1.2 离心泵性能测定实训仪表

涡轮流量计原理展示

1. 涡轮流量计

涡轮流量计是速度式流量计，当被测流体流过涡轮流量计传感器时，在流体的作用下，叶轮受力旋转，其转速与管道平均流速成正比，同时，叶片周期性地切割电磁铁产生的磁力线，改变线圈的磁通量，根据电磁感应原理，在线圈内将感应出脉动的电势信号，即电脉冲信号，此电脉冲信号的频率与被测流体的流量成正比。

2. 温度传感器

温度传感器是指能感受温度并转换成可用输出信号的传感器，本装置中的温度传感器用来测定实训时水箱内的水温。

3. 压力表

压力表是通过表内的敏感元件（波登管、膜盒、波纹管）的弹性形变，再由表内机芯的转换机构将压力形变传导至指针，引起指针转动来显示压力。本装置中的压力表分别用来测量离心泵入口、出口处压强。

三、离心泵性能测定实训装置阀门简介

离心泵性能测定实训装置阀门主要包括闸阀和球阀两种阀门。

闸阀原理展示

1. 闸阀

闸阀是一个启闭件闸板，闸板的运动方向与流体方向相垂直。闸阀的启闭件是闸板。实训装置中的闸阀如图1.3所示。

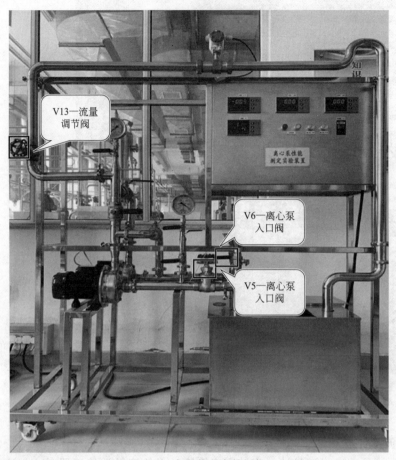

图1.3　实训装置中的闸阀

球阀原理展示

2. 球阀

球阀的阀柄与管道相平行时，阀门处于开启状态，当阀柄与管道相垂直时，阀门处于关闭状态。实训装置中的球阀如图1.4所示。

四、离心泵性能测定实训装置流程简介

本实训装置的流程如图1.5所示。

单泵流程（以离心泵2为例）：水箱中的水经过阀门V5，通过离心泵J2被输送至高处，水流先后经过阀门V10、V13，经过涡轮流量计F1，最终流回水箱。

双泵并联流程：水箱中的水分两路输送，一路经过阀门V5、离心泵J2、阀门V10被输送至高处，另一路经过阀门V6、离心泵J1、阀门V11被输送至高处，两路水流汇合后，共同经过阀门V13、涡轮流量计F1，最终流回水箱。

双泵串联流程：水箱中的水经过阀门V5、离心泵J2、阀门V9后，通过离心泵J1被输送至高处，水流先后经过阀门V11、V13，经过涡轮流量计F1，最终流回水箱。

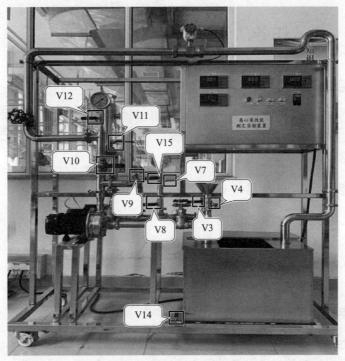

图 1.4　实训装置中的球阀

V3，V4—灌泵控制阀；V7，V8—离心泵入口真空表控制阀；V9—离心泵串联控制阀；V10，V11—离心泵出口阀；V12—离心泵出口压力表控制阀；V14—水箱排水阀；V15—离心泵并联控制阀

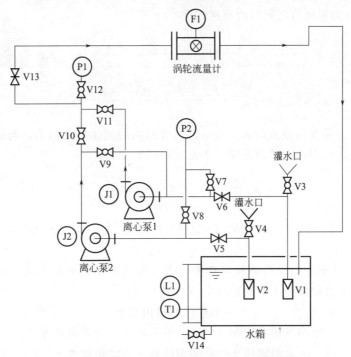

图 1.5　离心泵性能测定实训装置（双泵）流程示意图

F1—涡轮流量计；T1—温度传感器；P1—离心泵出口压力表；P2—离心泵入口压力表；J1—离心泵1；J2—离心泵2；V1，V2—底阀；V3，V4—灌泵控制阀；V5，V6—离心泵入口阀；V7，V8—离心泵入口真空表控制阀；V9—离心泵串联控制阀；V10，V11—离心泵出口阀；V12—离心泵出口压力表控制阀；V13—流量调节阀；V14—水箱排水阀

任务二 离心泵性能的测定

一、离心泵性能测定实训目的

（1）熟悉离心泵的结构、性能及特点，练习并掌握其操作方法。
（2）掌握离心泵特性曲线和管路特性曲线的测定方法、表示方法，加深对离心泵性能的了解。
（3）了解、掌握离心泵串、并联操作实训。

二、离心泵性能测定实训内容

（1）熟悉离心泵的结构与操作方法。
（2）测定某型号离心泵在一定转速下的特性曲线。
（3）测定流量调节阀某一开度下的管路特性曲线。
（4）测定同一型号离心泵串、并联在一定转速下的特性曲线。

三、离心泵性能测定实训原理

1. 离心泵特性曲线测定

离心泵是最常见的液体输送设备。通常通过实训测出 H-Q、N-Q 及 η-Q 关系，并用曲线表示之，称为特性曲线。离心泵特性曲线的测定原理如下。

（1）H 的测定

在泵的吸入口和排出口之间列伯努利方程

$$Z_\text{入} + \frac{p_\text{入}}{\rho g} + \frac{u_\text{入}^2}{2g} + H = Z_\text{出} + \frac{p_\text{出}}{\rho g} + \frac{u_\text{入}^2}{2g} + H_{\text{f},\text{入}-\text{出}} \tag{1.1}$$

$$H = (Z_\text{出} - Z_\text{入}) + \frac{p_\text{出} - p_\text{入}}{\rho g} + \frac{u_\text{出}^2 - u_\text{入}^2}{2g} + H_{\text{f},\text{入}-\text{出}} \tag{1.2}$$

式中，$H_{\text{f},\text{入}-\text{出}}$ 是泵的吸入口和压出口之间管路内的流体流动阻力，与伯努利方程中其他项比较，$H_{\text{f},\text{入}-\text{出}}$ 值很小，故可忽略。于是式(1.2)变为

$$H = (Z_\text{出} - Z_\text{入}) + \frac{p_\text{出} - p_\text{入}}{\rho g} + \frac{u_\text{出}^2 - u_\text{入}^2}{2g} \tag{1.3}$$

将测得的 $Z_\text{出} - Z_\text{入}$ 和 $p_\text{出} - p_\text{入}$ 的值以及计算所得的 $u_\text{入}$、$u_\text{出}$ 代入式(1.3)，即可求得 H 值。

（2）N 的测定

功率表测得的功率为电动机的输入功率。由于泵由电动机直接带动，传动效率可视为1，所以电动机的输出功率等于泵的轴功率 $N(\text{kW})$，即

$$N = \text{电动机的输出功率}$$

电动机输出功率=电动机输入功率×电动机效率

泵的轴功率=功率表读数×电动机效率

（3）η 的测定

$$\eta = \frac{N_\text{e}}{N} \tag{1.4}$$

$$N_e = \frac{HQ\rho g}{1000} = \frac{HQ\rho}{102} \tag{1.5}$$

式中　η——泵的效率；

N——泵的轴功率，kW；

N_e——泵的有效功率，kW；

H——泵的扬程（或称压头），m；

Q——泵的流量，m^3/s；

ρ——水的密度，kg/m^3；

g——重力加速度，m/s^2。

2. 管路特性曲线

当离心泵安装在特定的管路系统中工作时，实际的工作压头和流量不仅与离心泵本身的性能有关，还与管路特性有关，也就是说，在液体输送过程中，泵和管路二者是相互制约的。

管路特性曲线是指流体流经管路系统的流量与所需压头之间的关系。若将泵的特性曲线与管路特性曲线绘制在同一坐标图上，两曲线交点即为泵在该管路的工作点。因此，如同通过改变阀门开度来改变管路特性曲线，求出泵的特性曲线一样，可通过改变泵转速来改变泵的特性曲线，从而得出管路特性曲线。泵的压头 H 计算同上。

3. 串、并联操作

在实际生产中，当单台离心泵不能满足输送任务要求时，可采用几台离心泵加以组合。离心泵的组合方式原则上有两种：串联和并联。

串联操作：将两台型号相同的泵串联工作时，每台泵的压头和流量也是相同的。因此，在同一流量下，串联泵的压头为单台泵的两倍，但实际操作中两台泵串联操作的总压头必低于单台泵压头的两倍。应当注意，串联操作时，最后一台泵所受的压力最大，如串联泵组台数过多，可能会导致最后一台泵因自身强度不够而受损坏。

并联操作：设将两台型号相同的离心泵并联操作，而且各自的吸入管路相同，则两台泵的流量和压头必相同，也就是说具有相同的管路特性曲线和单台泵的特性曲线。在同一压头下，两台并联泵的流量等于单台泵的两倍，但由于流量增大使管路流动阻力增加，因此两台泵并联后的总流量必低于原单台泵流量的两倍。由此可见，并联的台数越多，流量增加得越少，所以三台泵以上的泵并联操作，一般无实际意义。

四、离心泵性能测定实训操作方法

实训操作是整个实训的流程和操作步骤，主要包括实训前的准备工作和正常实训操作两大部分，正常实训操作包括单台泵性能测定实训、单台泵管路特性测定实训、双泵串联性能测定实训和双泵并联性能测定实训。

五、离心泵性能测定实训操作步骤

1. 单泵操作（以离心泵 2 为例）实训前准备

（1）向水箱内注入蒸馏水（或者去离子水）至水箱 3/4 处（图 1.6）。

（2）了解每个阀门的作用并检查每个阀门的开关状态，所有阀门均关闭（图 1.7）。

离心泵实训装置开车准备操作

图1.6 保持水箱液位

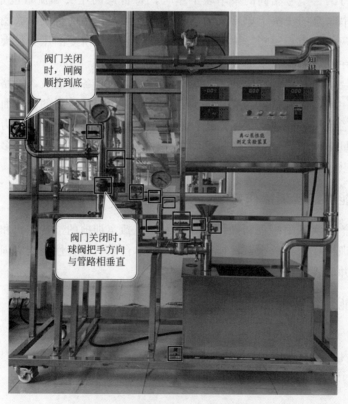

图1.7 所有阀门处于关闭状态

(3) 全开阀门 V3、V4、V5、V6、V10、V11。全开相关阀门如图 1.8 所示。

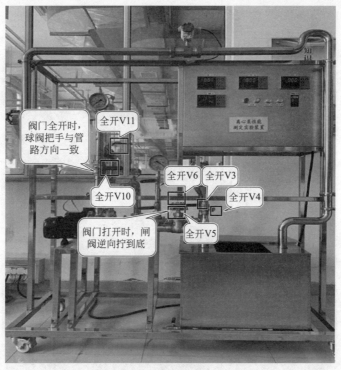

图 1.8　全开相关阀门

(4) 打开阀门 V13 进行灌泵，灌泵时加水要慢，直到灌水口满且液位不下降为止。灌泵操作见图 1.9。

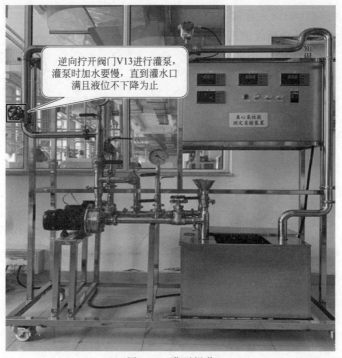

图 1.9　灌泵操作

(5) 关闭阀门 V3、V4、V10、V11、V13，如图 1.10 所示。

图 1.10　关闭泵的出口阀门

离心泵实训装置
泵性能测定操作

(6) 实训装置接通电源。

2. 离心泵性能测定实训操作

(1) 启动实训装置总电源，启动离心泵 2 的开关，按变频器的 RUN 键启动离心泵（图 1.11）。

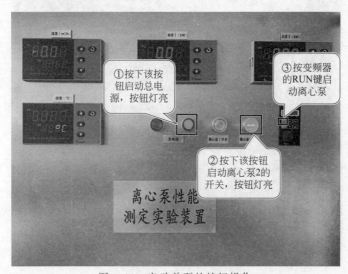

图 1.11　启动单泵的按钮操作

（2）全开阀门 V10，缓慢打开阀门 V13（图1.12）。

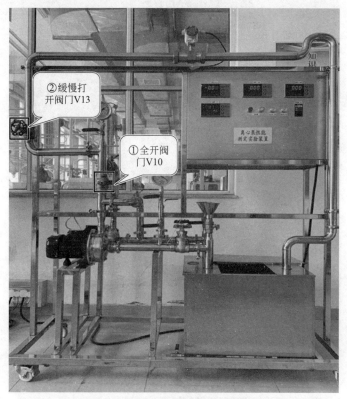

图1.12　打开泵出口阀门

（3）待系统稳定即水回到水箱，记录水温（图1.13）。

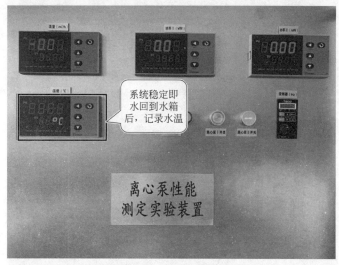

图1.13　记录水温

（4）打开阀门 V15、V8、V12，用阀门 V13 调节流量（图1.14）。

（5）依次记录泵入口、出口压力，涡轮流量计流量，泵的电机功率（图1.15），测取数据的顺序可从最大流量开始逐渐减小流量至0或反之。一般测取 10～20 组数据。

图1.14 打开泵出口阀门调节流量(1)

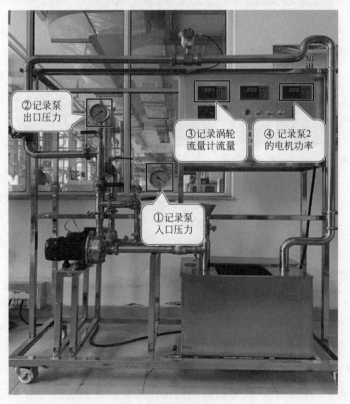

图1.15 单泵的数据记录

3. 离心泵管路特性测定实训操作

（1）启动实训装置总电源，启动离心泵 2 的开关，按变频器的 RUN 键启动离心泵。其步骤见图 1.11。

离心泵实训装置管路特性测定操作

（2）全开阀门 V10，缓慢打开阀门 V13，用流量调节阀 V13 调流量至某一固定流量（流量不宜过小），如图 1.12 所示。

（3）待系统稳定即水回到水箱，记录水温（图 1.13）。

（4）打开阀门 V15、V8、V12 调节流量（图 1.16）。

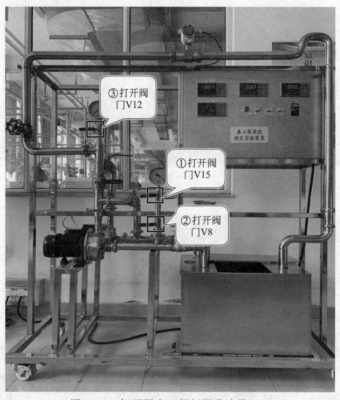

图 1.16　打开泵出口阀门调节流量（2）

（5）依次记录泵入口、出口压力，涡轮流量计流量，泵的电机功率（图 1.15），改变变频器的频率记录以上数据（参照数据表），测取数据的顺序可从最大流量开始逐渐减小流量至 0 或反之。

4. 离心泵性能测定实训操作（双泵并联）

（1）启动实训装置总电源，启动离心泵 1、离心泵 2 的开关，按变频器的 RUN 键启动离心泵（图 1.17）。

离心泵实训装置双泵并联性能测定操作

（2）全开阀门 V10、V11，缓慢打开阀门 V13（图 1.18）。

（3）待系统稳定即水回到水箱，记录水温（图 1.13）。

（4）打开阀门 V15、V7、V8、V12，用阀门 V13 调节流量（图 1.19）。

（5）依次记录泵入口、出口压力，涡轮流量计流量，离心泵 1 和离心泵 2 的电机功率（图 1.20），测取数据的顺序可从最大流量开始逐渐减小流量至 0 或反之。一般测取 10～20 组数据。

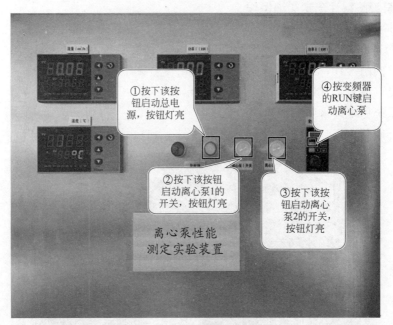

图 1.17 启动并联双泵的按钮操作

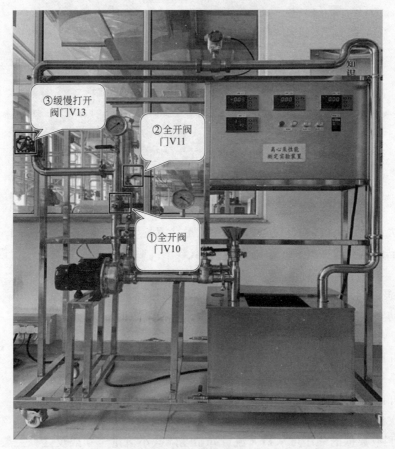

图 1.18 阀门调节

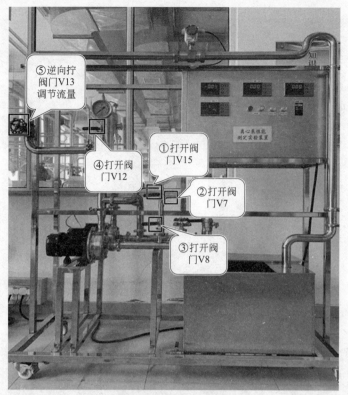

图 1.19　阀门调节

图 1.20　双泵并联的数据记录

模块一　离心泵性能测定实训

图 1.21 启动电源

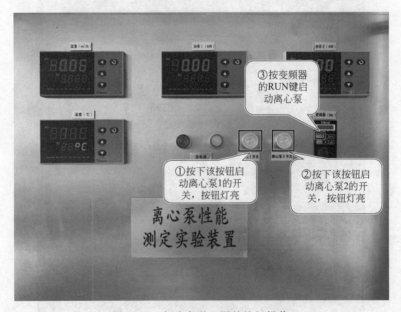

图 1.22 启动串联双泵的按钮操作

离心泵实训装置
双泵串联性能
测定操作

5. 离心泵性能测定实训（双泵串联）操作

（1）启动实训装置总电源，打开阀门 V9（图 1.21）。

（2）启动离心泵 1、离心泵 2 的开关，按变频器的 RUN 键启动离心泵（图 1.22）。

（3）全开阀门 V11，缓慢打开阀门 V13（图 1.23）。

（4）待系统稳定即水回到水箱，记录水温（图 1.13）。

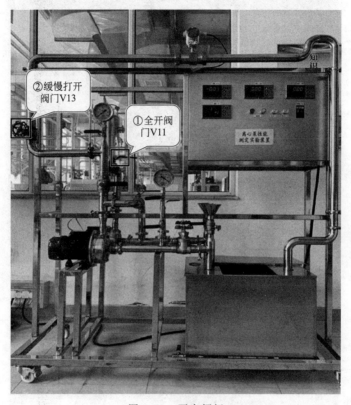

图 1.23　开启阀门

（5）打开阀门 V15、V8、V12，用阀门 V13 调节流量（图 1.24）。

（6）依次记录泵入口、出口压力，涡轮流量计流量、泵 1 和泵 2 的电机功率（图 1.25），测取数据的顺序可从最大流量开始逐渐减小流量至 0 或反之。一般测取 10～20 组数据。

（7）实验结束

① 记录完所有数据后，除阀门 V5、V6 外其余阀门均关闭（图 1.26）。

② 关闭变频器，关闭离心泵开关，关闭总电源，实验结束（如图 1.27 所示）。将实训室一切复原。

6. 实训操作注意事项

（1）该装置电路采用五线三相制配电，实训设备应良好接地。

（2）离心泵启动前关闭阀门 V13，避免离心泵启动时电流过大损坏电机。

（3）启动离心泵之前，一定要关闭压力表和真空表的控制开关 V7、V8 和 V12，以免离心泵启动时对压力表和真空表造成损害。

图 1.24　打开阀门

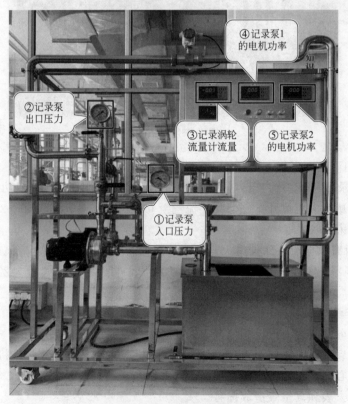

图 1.25　双泵串联的数据记录

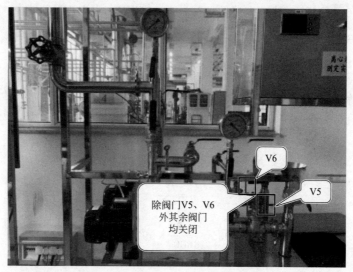

图 1.26 关闭阀门

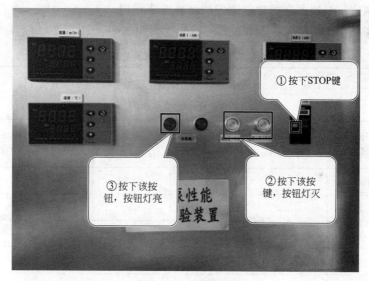

图 1.27 关闭装置

（4）若实训设备长期不用，需将实训管路内的水和水箱内的水放空，以保护涡轮流量计。

任务三 数据处理

一、数据处理过程举例

根据离心泵特性曲线测定公式（见离心泵性能测定实训原理），以表 1.1 中第一组数据为例进行数据处理。

涡轮流量计读数：$Q=10.52\text{m}^3/\text{h}$；泵入口压力表读数：$p_1=-0.026\text{MPa}$；泵出口压力表读数：$p_2=0.01\text{MPa}$；功率表读数：$N_电=0.79\text{kW}$；水温度：$t=18.6℃$。

查表可得：$\rho=997.96\text{kg}/\text{m}^3$

$$H=(Z_出-Z_入)+\frac{p_出-p_入}{\rho g}+\frac{u_出^2-u_入^2}{2g}$$

由于进出口管径相同，故 $u_入=u_出$

$$H=0.25+\frac{(0.01+0.026)\times 1000000}{997.96\times 9.81}=3.93(\text{m})$$

$$N=0.79\times 60\%=0.474(\text{kW})$$

$$\eta=\frac{N_e}{N}$$

$$N_e=\frac{HQ\rho}{102}=\frac{3.93\times \frac{10.52}{3600}\times 997.96}{102}=0.112(\text{kW})$$

$$\eta=\frac{0.112}{0.474}=23.7(\%)$$

管路特性测定、泵串并联的性能测定的计算方法相同。

数据表格如表1.1～表1.4所示，其所绘曲线如图1.28～图1.30所示。

表1.1 离心泵性能测定实训数据记录及处理结果表（单泵）

离心泵入口管径：$d_入=0.042\text{m}$；离心泵出口管径：$d_出=0.042\text{m}$；水温度：$t=18.6℃$；液体密度：$\rho=997.96\text{kg}/\text{m}^3$；泵进出口高度差：$Z_出-Z_入=0.25\text{m}$

序号	入口压力 p_1/MPa	出口压力 p_2/MPa	电机功率 $N_电$/kW	流量 Q/(m³/h)	压头 H/m	泵轴功率 N/W	η/%
1	-0.026	0.01	0.79	10.52	3.93	474	23.7
2	-0.021	0.05	0.79	9.62	7.50	474	41.4
3	-0.018	0.07	0.78	8.79	9.24	468	47.2
4	-0.012	0.11	0.76	7.48	12.20	456	54.4
5	-0.01	0.12	0.73	6.59	13.53	438	55.3
6	-0.008	0.14	0.71	5.90	15.37	426	57.8
7	-0.006	0.15	0.66	5.05	16.18	396	56.1
8	-0.003	0.17	0.61	4.10	17.41	366	53.0
9	-0.002	0.17	0.58	3.36	17.82	348	46.8
10	0	0.18	0.52	2.40	18.84	312	39.4
11	0	0.20	0.45	1.25	20.17	270	25.4
12	0	0.21	0.40	0.00	21.70	240	0.0

表 1.2　离心泵管路特性测定实训数据记录及处理结果表（单泵）

离心泵入口管径：$d_入=0.042$m；离心泵出口管径：$d_出=0.042$m；水温度：18.6℃；液体密度：$\rho=997.96$kg/m³；泵进出口高度差：$Z_出-Z_入=0.25$m

序号	电机频率 /Hz	入口压力 p_1/MPa	出口压力 p_2/MPa	流量 Q/(m³/h)	压头 H/m
1	50	−0.040	0.080	7.86	12.51
2	48	−0.038	0.076	7.56	11.89
3	46	−0.035	0.071	7.26	11.08
4	44	−0.032	0.065	6.96	10.16
5	42	−0.029	0.060	6.65	9.34
6	40	−0.027	0.055	6.33	8.63
7	38	−0.024	0.050	6.01	7.81
8	36	−0.022	0.045	5.96	7.09
9	34	−0.020	0.040	5.38	6.38
10	32	−0.018	0.035	5.05	5.66
11	30	−0.016	0.031	4.73	5.05
12	26	−0.012	0.024	4.06	3.93
13	22	−0.008	0.015	3.36	2.60
14	18	−0.005	0.011	2.63	1.88
15	14	−0.003	0.000	1.82	0.56
16	0	0.000	0.000	0.00	0.25

表 1.3　离心泵性能测定实训数据记录及处理结果表（双泵串联）

离心泵入口管径：$d_入=0.042$m；离心泵出口管径：$d_出=0.042$m；水温度：$t=27.3$℃；液体密度：$\rho=995.91$kg/m³；泵进出口高度差：$Z_出-Z_入=0.25$m

序号	入口压力 p_1/MPa	出口压力 p_2/MPa	泵1电机功率 $N_{电1}$/kW	泵2电机功率 $N_{电2}$/kW	总电机功率 $N_{电总}$/kW	流量 Q/(m³/h)	压头 H/m	泵轴功率 N/W	η/%
1	−0.011	0.05	0.75	0.75	1.50	8.26	6.49	900	16.16
2	−0.01	0.12	0.74	0.75	1.49	7.57	13.56	894	31.13
3	−0.009	0.18	0.71	0.72	1.43	6.68	19.08	858	40.30
4	−0.007	0.21	0.69	0.7	1.39	6.15	22.46	834	44.92
5	−0.005	0.24	0.67	0.68	1.35	5.6	25.33	810	47.49
6	−0.003	0.28	0.63	0.64	1.27	4.77	29.22	762	49.60
7	−0.002	0.31	0.6	0.61	1.21	4.15	32.18	726	49.90
8	0	0.34	0.56	0.57	1.13	3.48	34.54	678	48.08
9	0	0.37	0.51	0.53	1.04	2.68	37.61	624	43.81
10	0	0.38	0.47	0.49	0.96	2.04	39.14	576	37.60
11	0	0.40	0.43	0.45	0.88	1.27	41.19	528	26.87
12	0	0.43	0.37	0.39	0.76	0	44.26	456	0.00

表 1.4 离心泵性能测定实训数据记录及处理结果表（双泵并联）

离心泵入口管径：$d_入=0.042\text{m}$；离心泵出口管径：$d_出=0.042\text{m}$；水温度：$t=24.4℃$；液体密度：$\rho=996.66\text{kg/m}^3$；泵进出口高度差：$Z_出-Z_入=0.25\text{m}$

序号	入口压力 p_1/MPa	出口压力 p_2/MPa	泵1电机功率 $N_{电1}$/kW	泵2电机功率 $N_{电2}$/kW	总电机功率 $N_{电总}$/kW	流量 $Q/(\text{m}^3/\text{h})$	压头 H/m	泵轴功率 N/W	η/%
1	−0.015	0.045	0.74	0.68	1.42	14.80	6.88	852	32.44
2	−0.013	0.07	0.73	0.67	1.40	13.87	9.23	840	41.39
3	−0.01	0.08	0.72	0.67	1.39	13.00	9.95	834	42.10
4	−0.009	0.1	0.71	0.66	1.37	12.13	11.89	822	47.65
5	−0.008	0.11	0.7	0.64	1.34	11.11	12.81	804	48.07
6	−0.007	0.12	0.69	0.62	1.31	10.31	13.73	786	48.91
7	−0.005	0.13	0.66	0.59	1.25	9.19	14.55	750	48.41
8	−0.004	0.145	0.64	0.56	1.20	8.08	15.98	720	48.70
9	−0.003	0.16	0.6	0.54	1.14	6.98	17.41	684	48.26
10	−0.002	0.17	0.54	0.54	1.08	5.89	18.33	648	45.25
11	0	0.18	0.49	0.53	1.02	4.76	19.15	612	40.45
12	0	0.19	0.44	0.47	0.91	2.90	20.17	546	29.10
13	0	0.195	0.43	0.45	0.88	2.04	20.19	528	21.18
14	0	0.20	0.39	0.41	0.80	0.56	20.71	480	6.56
15	0	0.21	0.38	0.4	0.78	0.00	21.73	468	0.00

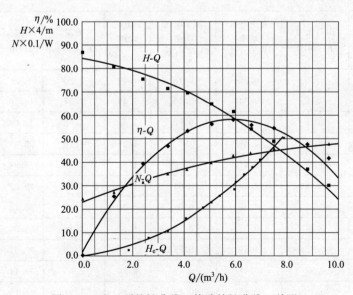

图 1.28 离心泵特性曲线、管路特性曲线（单泵）

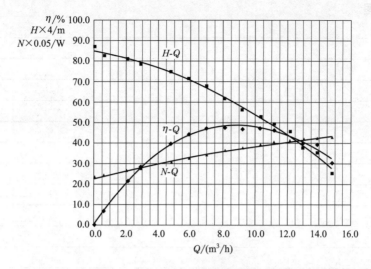

图 1.29　离心泵双泵并联特性曲线图

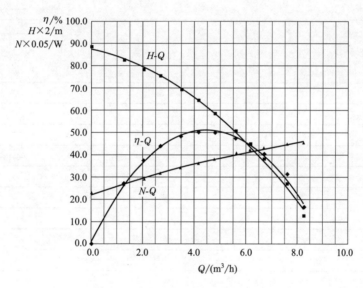

图 1.30　离心泵双泵串联特性曲线图

二、实训任务单

1. 实训内容

2. 实训原理

3. 实训步骤

_____
_____
_____
_____
_____
_____
_____
_____

4. 数据处理

数据记录及处理结果填入表 1.5～表 1.8。

表 1.5　离心泵性能测定实训数据记录及处理结果空白表（单泵）

离心泵入口管径: $d_入$ =　　　　m; 离心泵出口管径: $d_出$ =　　　　m;
水温度: t =　　　℃; 液体密度: ρ =　　　　kg/m³; 泵进出口高度差: $Z_出 - Z_入$ =　　　m

序号	入口压力 p_1/MPa	出口压力 p_2/MPa	电机功率 $N_电$/kW	流量 Q/(m³/h)	压头 H/m	泵轴功率 N/W	η/%
1							
2							
3							
4							
5							
6							
7							
8							
9							
10							
11							
12							

表 1.6　离心泵管路特性测定实训数据记录及处理结果空白表（单泵）

离心泵入口管径: $d_入$ =　　　　m; 离心泵出口管径: $d_出$ =　　　　m;
水温度: t =　　　℃; 液体密度: ρ =　　　　kg/m³; 泵进出口高度差: $Z_出 - Z_入$ =　　　m

序号	电机频率 /Hz	入口压力 p_1/MPa	出口压力 p_2/MPa	流量 Q/(m³/h)	压头 H/m
1					
2					
3					
4					
5					
6					

续表

序号	电机频率 /Hz	入口压力 p_1/MPa	出口压力 p_2/MPa	流量 Q/(m³/h)	压头 H/m
7					
8					
9					
10					
11					
12					
13					
14					
15					
16					

表 1.7 离心泵性能测定实训数据记录及处理结果空白表（双泵串联）

离心泵入口管径：$d_入=$　　　m；离心泵出口管径：$d_出=$　　　m；
水温度：$t=$　　　℃；液体密度：$\rho=$　　　kg/m³；泵进出口高度差：$Z_出-Z_入=$　　m

序号	入口压力 p_1/MPa	出口压力 p_2/MPa	泵1电机功率 $N_{电1}$/kW	泵2电机功率 $N_{电2}$/kW	总电机功率 $N_{电总}$/kW	流量 Q/(m³/h)	压头 H/m	泵轴功率 N/W	η /%
1									
2									
3									
4									
5									
6									
7									
8									
9									
10									
11									
12									

表 1.8 离心泵性能测定实训数据记录及处理结果空白表（双泵并联）

离心泵入口管径：$d_入=$　　　m；离心泵出口管径：$d_出=$　　　m；
水温度：$t=$　　　℃；液体密度：$\rho=$　　　kg/m³；泵进出口高度差：$Z_出-Z_入=$　　m

序号	入口压力 p_1/MPa	出口压力 p_2/MPa	泵1电机功率 $N_{电1}$/kW	泵2电机功率 $N_{电2}$/kW	总电机功率 $N_{电总}$/kW	流量 Q/(m³/h)	压头 H/m	泵轴功率 N/W	η /%
1									
2									
3									

续表

序号	入口压力 p_1/MPa	出口压力 p_2/MPa	泵1电机功率 $N_{电1}$/kW	泵2电机功率 $N_{电2}$/kW	总电机功率 $N_{电总}$/kW	流量 Q/(m³/h)	压头 H/m	泵轴功率 N/W	η/%
4									
5									
6									
7									
8									
9									
10									
11									
12									
13									
14									
15									

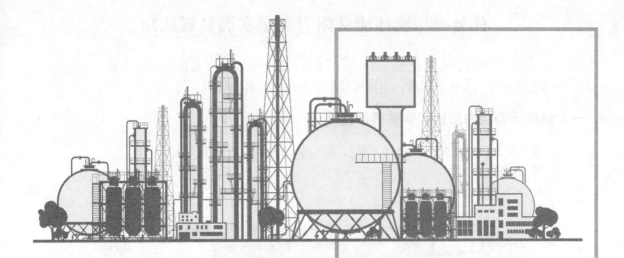

模块二

流体流动阻力测定实训

流体在流动过程中,由于管道壁面不够光滑,因此,流体在流动的过程中会与壁面产生一定的摩擦,这是流体流动过程中阻力损失的原因。化工管道由直管和各种部件(管件、阀门等)组合构成。流体通过管道内的流动阻力包括流体流经直管的阻力与流经各种管件、阀门的阻力两部分。本模块主要内容为测定流体在流动过程中的阻力损失。

任务一　流体流动阻力测定实训装置认知

实训装置主要包含实训管路、离心泵、水箱、缓冲罐等；主要的仪表包括转子流量计、倒 U 形管压差计、差压传感器；主要涉及闸阀和球阀两种阀门。

一、流体流动阻力测定实训装置设备简介

实训装置主要包含实训管路（三根）、离心泵、水箱、缓冲罐等实训设备。

1. 实训管路

三根实训管路见图 2.1。

图 2.1　实训管路

① 实训管路 1：该管路为光滑管路，用来测定光滑管路内流体流动的阻力 Δp_f 和直管摩擦系数 λ。

② 实训管路 3：该管路为粗糙管路，用来测定粗糙管路内流体流动的阻力 Δp_f 和直管摩擦系数 λ。

③ 实训管路 4：该管路直径为光滑管路的两倍，用来测定局部摩擦阻力 $\Delta p'_\mathrm{f}$ 和局部阻力系数 ζ。

2. 离心泵

离心泵（图 2.2）是利用叶轮旋转而使液体发生离心运动，进而实现液体输送的装置。本实训装置中离心泵用来将水箱中的水送至实训管路中，以测定流体流动阻力。

3. 水箱

水箱（图 2.3）用来储存实训测定所需的水（一般为蒸馏水或去离子水）。

图 2.2　离心泵

图 2.3　水箱

4. 缓冲罐

缓冲罐（图 2.4）主要用于缓冲管路中流体流动时的压力波动，使系统工作更平稳。

二、流体流动阻力测定实训装置仪表简介

1. 转子流量计

转子流量计（图 2.5）用来测定装置中流体的流量。转子流量计的流体通道为一垂直的锥角约为 4° 的微锥形玻璃管内置一转子（也称浮子）的构造。当被测流体以一定流量自下而上流过锥形管时，流体在环隙的速度变大，压力减小，在转子的上、下端面形成一个压

图 2.4 缓冲罐

图 2.5 转子流量计

差,使浮子浮起。随着浮子的上浮,环隙面积逐渐增大,环隙内的流速又将减小,转子两端的压差随之降低。当转子上浮至某一高度时,转子上、下两端压差引起的浮力等于转子本身所受的重力,转子停留在该位置处。若流体的流量改变,平衡被打破,转子将移到新的位置,以建立新的平衡。

2. 差压传感器

差压传感器(图 2.6)是用来测量流动管路中两个压力之间差值的传感器,通常用于测量大流量(100~1000L/h)时的压差。

图 2.6 差压传感器

3. 倒 U 形管压差计

倒 U 形管压差计（图 2.7）是利用倒 U 形管两侧连接点压力不同时，倒 U 形管会出现两端液面的高度不一致的情况，根据液面的高度差，换算成为压力。通常用于测量小流量（10～100L/h）时的压差。

图 2.7 倒 U 形管压差计

三、流体流动阻力测定实训装置阀门简介

1. 闸阀

实训装置中的闸阀如图 2.8 所示。

图 2.8 实训装置中的闸阀

2. 球阀

实训装置中的球阀如图 2.9 所示。

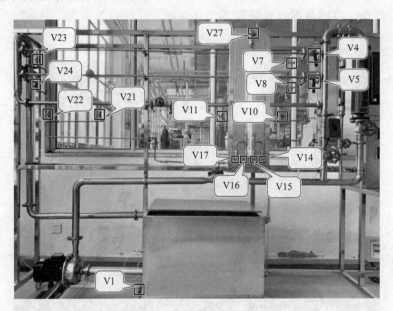

图 2.9 实训装置中的球阀

V1—放水阀；V4，V5—切断阀；V7，V23—实训管路 1 测量阀；V8，V24—实训管路 2 测量阀；V10，V22—实训管路 4 远端测量阀；V11，V21—实训管路 4 近端测量阀；V14，V17—倒 U 形管放水阀；V15，V16—倒 U 形管测量阀；V27—放空阀

四、流体流动阻力测定实训装置流程简介

本实训装置的流程图如图 2.10 所示。

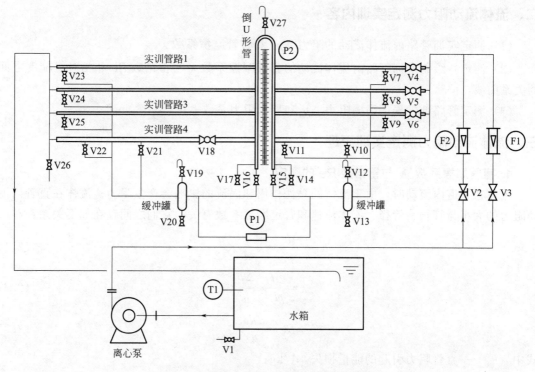

图 2.10 流体流动阻力测定实训装置流程图

F1,F2—转子流量计;P1,P2—差压传感器;V1,V13,V20,V26—放水阀;V2,V3—流量调节阀;V4,V5,V6,V18—切断阀;V7,V23—实训管路 1 测量阀;V8,V24—实训管路 2 测量阀;V9,V25—实训管路 3 测量阀;V10,V22—实训管路 4 远端测量阀;V11,V21—实训管路 4 近端测量阀;V12,V19,V27—放空阀;V14,V17—倒 U 形管放水阀;V15,V16—倒 U 形管测量阀

不同管路的小流量测定实训：水箱中的水通过离心泵输送，经过阀门 V2 进入不同的实训管路中（根据实训要求确定流入哪条管路），最终流回水箱。

不同管路的大流量测定实训：水箱中的水通过离心泵输送，经过阀门 V3 进入不同的实训管路中（根据实训要求确定流入哪条管路），最终流回水箱。

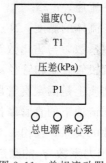

图 2.11 单相流动阻力测定实训装置面板图

任务二　流体流动阻力的测定

一、流体流动阻力测定实训目的

(1) 学习直管摩擦阻力 Δp_f、直管摩擦系数 λ 的测定方法。

(2) 掌握直管摩擦系数 λ 与雷诺数 Re 和相对粗糙度之间的关系及其变化规律。

(3) 掌握局部摩擦阻力 $\Delta p_f'$、局部阻力系数 ζ 的测定方法。

(4) 学习压强差的几种测量方法和提高其测量精确度的一些技巧。

二、流体流动阻力测定实训内容

(1) 测定实训管路内流体流动的阻力 Δp_f 和直管摩擦系数 λ。
(2) 测定并绘制实训管路内流体流动的直管摩擦系数 λ 与雷诺数 Re 和相对粗糙度之间的关系曲线。
(3) 测定管路部件局部摩擦阻力 $\Delta p'_f$ 和局部阻力系数 ζ。

三、流体流动阻力测定实训原理

1. 直管摩擦系数 λ 与雷诺数 Re 的测定

流体在管道内流动时,由于流体的黏性作用和涡流的影响会产生阻力。流体在直管内流动阻力的大小与管长、管径、流体流速和管道摩擦系数有关,它们之间存在如下关系:

$$h_f = \frac{\Delta p_f}{\rho} = \lambda \frac{l}{d} \times \frac{u^2}{2} \tag{2.1}$$

$$\lambda = \frac{2d}{\rho l} \times \frac{\Delta p_f}{u^2} \tag{2.2}$$

$$Re = \frac{du\rho}{\mu} \tag{2.3}$$

式中 h_f——直管阻力引起的能量损失,J/kg;
d——管径,m;
Δp_f——直管摩擦阻力,Pa;
l——管长,m;
ρ——流体的密度,kg/m³;
u——流速,m/s;
μ——流体的黏度,N·s/m²。

直管摩擦系数 λ 与雷诺数 Re 之间有一定的关系,这个关系一般用曲线来表示。在实训装置中,直管段管长 l 和管径 d 都已固定。若水温一定,则水的密度 ρ 和黏度 μ 也是定值。所以本实训实质上是测定直管段流体阻力 Δp_f 与流速 u,据实训数据和式(2.1)、式(2.2)可计算出不同流速下的直管摩擦系数 λ,用式(2.3)计算对应的 Re,从而整理出直管摩擦系数和雷诺数的关系,绘出 λ 与 Re 的关系曲线。

2. 局部阻力系数 ζ 的测定:

$$h'_f = \frac{\Delta p'_f}{\rho} = \zeta \frac{u^2}{2} \tag{2.4}$$

$$\zeta = \frac{2}{\rho} \times \frac{\Delta p'_f}{u^2} \tag{2.5}$$

式中 ζ——局部阻力系数,无量纲;
$\Delta p'_f$——局部阻力,Pa;
h'_f——局部阻力引起的能量损失,J/kg。

局部阻力引起的压强降 $\Delta p'_f$ 可用下面的方法测量:在一条各处直径相等的直管段上,安装待测局部阻力的阀门,在其上、下游开两对测压口 a-a' 和 b-b',见图2.12。
使
$$ab = bc, \quad a'b' = b'c'$$

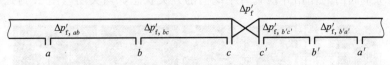

图 2.12　局部阻力测量取压口布置图

则
$$\Delta p'_{f,ab}=\Delta p'_{f,bc}\text{；}\quad \Delta p'_{f,a'b'}=\Delta p'_{f,b'c'}$$

在 a-a' 之间列伯努利方程式：
$$p_a-p_{a'}=2\Delta p'_{f,ab}+2\Delta p'_{f,a'b'}+\Delta p'_f \tag{2.6}$$

在 b-b' 之间列伯努利方程式：
$$p_b-p_{b'}=\Delta p'_{f,bc}+\Delta p'_{f,b'c'}+\Delta p'_f$$
$$p_b-p_{b'}=\Delta p'_{f,ab}+\Delta p'_{f,a'b'}+\Delta p'_f \tag{2.7}$$

联立式(2.6)和式(2.7)，则：
$$\Delta p'_f=2(p_b-p_{b'})-(p_a-p_{a'})$$

为了便于区分，称 $(p_b-p_{b'})$ 为近点压差，$(p_a-p_{a'})$ 为远点压差。其数值通过差压传感器和倒 U 形管来测量。

四、流体流动阻力测定实训准备

计算机控制流体流动阻力测定实训装置的实训步骤主要包括实训前的准备、正常实训步骤及实训结束后实训装置的清理三大部分，正常实训步骤包括光滑管阻力损失测定、粗糙管阻力损失测定、局部阻力损失测定三个实训。

流体流动阻力实训装置开车准备操作

实训前准备工作：

(1) 向水箱内注入蒸馏水（或者去离子水）至水箱 3/4 处（图 2.13）。

图 2.13　实训前准备

（2）了解每个阀门的作用并检查每个阀门的开关状态，均关闭（图2.14）。

图2.14　关闭状态的阀门

（3）实训装置接通电源（图2.15）。

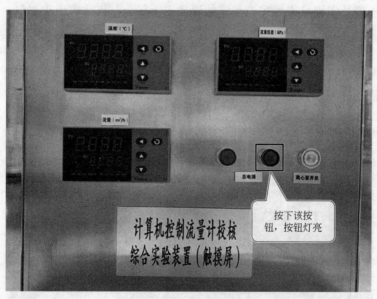

图2.15　接通电源

五、光滑管阻力测定实训

1. 小流量（10～100L/h）阻力的测定实训

（1）将阀门V4打开，启动离心泵开关，缓慢打开阀门V3，待系统稳定即有水回到水箱，如图2.16所示。

（2）将阀门V7、V23、V15、V16打开（图2.17），使倒U形管内液体

图 2.16 启动离心泵及相关操作

充分流动,使其赶出管路内的气泡。

图 2.17 打开阀门

(3) 若观察到气泡已赶净(一般该操作 1min 左右即可),将阀门 V15、V16 关闭,将阀门 V3 关闭,将倒 U 形管上部的放空阀 V27 打开,分别缓慢打开阀门 V14、V17,使玻璃管内液柱降至标尺中点上下时马上关闭,管内形成气-水柱,此时管内液柱高度差不一定为

模块二 流体流动阻力测定实训 | 39

零,测定气泡是否赶净,如图 2.18 所示。

图 2.18　测定气泡是否赶净

(4) 然后关闭放空阀 V27,打开阀门 V15、V16,此时 U 形管两液柱的高度差应为 0 (1~2mm 的高度差可以忽略),如不为 0 则表明管路中仍有气泡存在,需要重复进行赶气泡操作(图 2.19)。

图 2.19　重复赶气泡操作

(5) 若反复操作两管液柱仍不平,将阀门 V3、V4 打开,V15、V16 打开,倒 U 形管内有水流动,赶气泡操作如图2.20所示。

图2.20 赶气泡操作(1)

(6)缓慢将阀门V12、V19打开,待两阀门有水流出,将阀门V12、V19关闭,操作如图2.21和图2.22所示,再进行上述步骤(1)~(5)操作,基本可以使两液柱高度差为0。

图2.21 赶气泡操作(2)

(7)关闭阀门V3,打开阀门V2并用其调节流量(图2.22)。

(8)按流量由小到大的顺序读取并记录水温、转子流量计流量以及倒U形管压差的数据,一般取10组数据(图2.23和图2.24)。

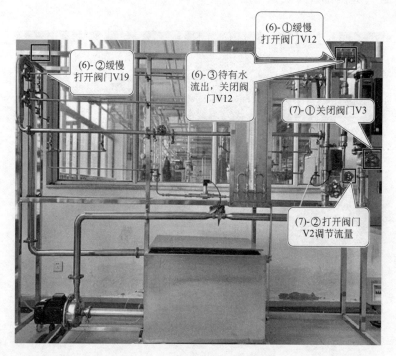

图 2.22 启动调节流量操作

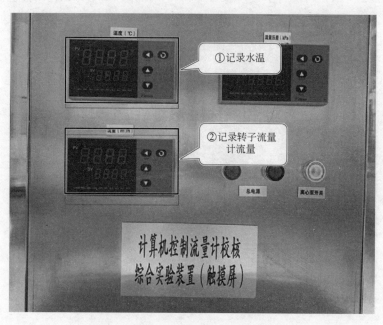

图 2.23 流体流动阻力测定的数据记录

流体流动阻力实训装置
光滑管路阻力测定
大流量操作

2. 大流量（100~1000L/h）阻力的测定实训

（1）将阀门 V4 打开，启动离心泵开关，缓慢打开阀门 V3，系统稳定即有水回到水箱（图 2.25）。

图 2.24　压差数据记录

图 2.25　启动离心泵等操作

（2）将阀门 V7、V23 打开，调节阀门 V3（图 2.26）。

（3）按流量由小到大的顺序读取并记录水温、转子流量计流量以及差压传感器压差的数据（图 2.27），一般取 10 组数据。

六、粗糙管阻力测定实训

1. 小流量（10~100L/h）阻力的测定实训

（1）将阀门 V5 打开，启动离心泵开关，缓慢打开阀门 V3，待系统稳定即有水回到水箱（图 2.28、图 2.29）。

流体流动阻力实训装置粗糙管阻力测定小流量操作

图 2.26　打开阀门

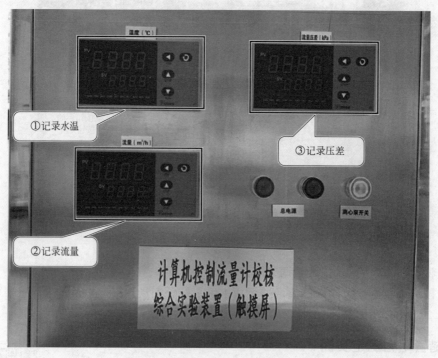

图 2.27　小流量阻力测定的数据记录

(2) 将阀门 V8、V24、V15、V16 打开，使倒 U 形管内液体充分流动，使其赶出管路内气泡（图 2.29）。

图 2.28 打开相关阀门

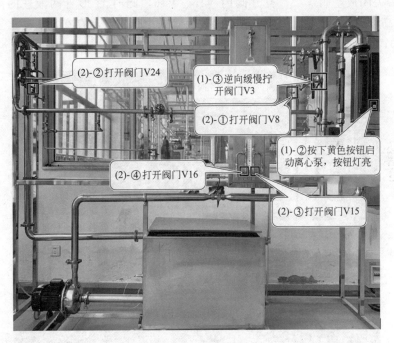

图 2.29 赶尽气泡

(3) 若观察气泡已赶净（一般该操作 1min 左右即可），将阀门 V15、V16 关闭，将阀门 V3 关闭，将倒 U 形管上部的放空阀 V27 打开，分别缓慢打开阀门 V14、V17，使玻璃管内液柱降至标尺中点上下时马上关闭，管内形成气-水柱，此时管内液柱高度差不一定为 0（图 2.30）。

图 2.30 重复赶尽气泡 (1)

(4) 然后关闭放空阀 V27,打开阀门 V15、V16,此时 U 形管两液柱的高度差应为 0 (1~2mm 的高度差可以忽略),如不为 0 则表明管路中仍有气泡存在,需要重复进行赶气泡操作 (图 2.31)。

图 2.31 重复赶尽气泡 (2)

(5) 若反复操作两管液柱仍不平,将阀门 V3、V4、V15、V16 打开,倒 U 形管内有水流动 (图 2.32)。

图 2.32 重复赶尽气泡（3）

（6）缓慢将阀门 V12、V19 打开，待两阀门有水流出，将阀门 V12、V19 关闭（图 2.33），再进行上述步骤（1）~（5）操作，基本可以使两液柱高度差为 0。

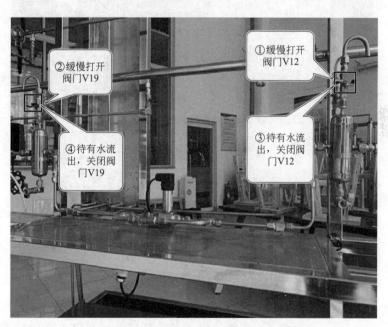

图 2.33 重复赶尽气泡（4）

（7）关闭阀门 V3，打开阀门 V2 并用其调节流量（图 2.34）。

（8）按流量由小到大的顺序读取并记录水温、转子流量计流量以及倒 U 形管压差的数据（图 2.35），一般取 10 组数据。

图 2.34 调节流量

图 2.35 强化管阻力测定的数据记录

2. 大流量（100~1000L/h）阻力的测定实训

流体流动阻力实训
装置粗糙管阻力
测定大流量操作

(1) 将阀门 V5 打开，启动离心泵开关，缓慢打开阀门 V3，系统稳定即有水回到水箱，其操作见图 2.36。

(2) 将阀门 V8、V24 打开，调节阀门 V3（图 2.37）。

(3) 按流量由小到大的顺序读取并记录水温、转子流量计流量以及差压传感器压差的数据（图 2.38），一般取 10 组数据。

图 2.36 启动离心泵等操作

图 2.37 打开阀门

七、局部阻力测定实训

1. 远端压差测定实训

（1）将阀门 V18 打开，启动离心泵开关，缓慢打开阀门 V3，系统稳定即有水回到水箱，其操作见图 2.39。

流体流动阻力实训
装置局部阻力测定
远端压差测定操作

图 2.38 局部阻力测定的数据记录

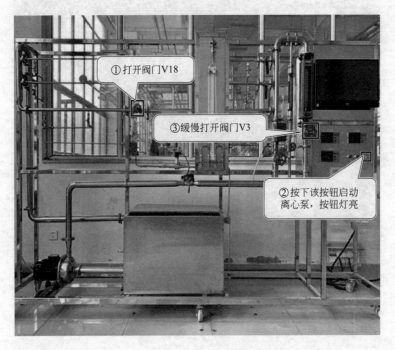

图 2.39 启动离心泵等操作

（2）将阀门 V18 固定在某一开度（阀门开度不宜过大或过小），打开阀门 V10、V22，调节阀门 V3，将流量调至指定数据（见数据表），相关操作见图 2.40。

（3）读取并记录水温以及差压传感器压差的数据（图 2.41）。

50 | 化工单元装置实训

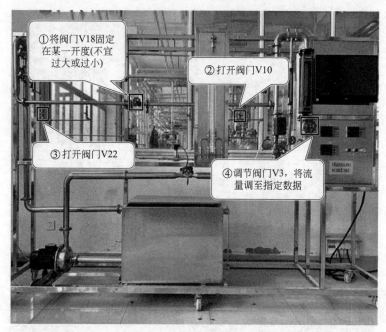

图 2.40　打开阀门

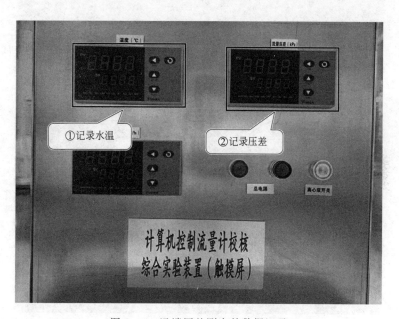

图 2.41　远端压差测定的数据记录

2. 近端压差测定实训

（1）远端实训测定取完数据后，将阀门 V10、V22 关闭，将阀门 V11、V21 打开，将流量调至与测定远端压差实训时相同的流量（见图 2.42）。

（2）读取并记录水温以及差压传感器压差的数据（见图 2.43）。

3. 实训结束

（1）取完所有数据后，将所有阀门关闭（见图 2.44）。

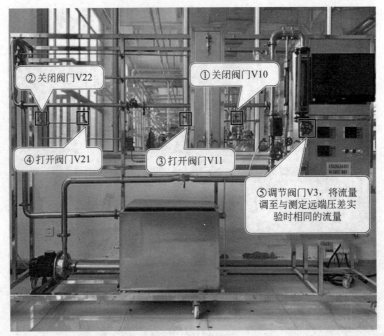

图 2.42 打开阀门

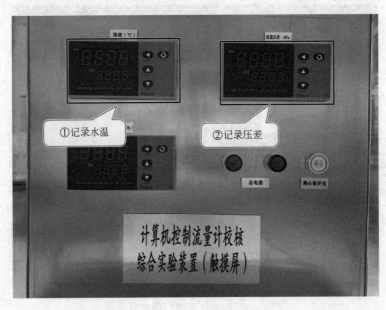

图 2.43 近端压差测定的数据记录

流体流动阻力实训
装置停车操作

（2）关闭离心泵开关，关闭总电源，实训结束，如图 2.45 所示。将实训室一切复原。

4. 实训注意事项

（1）装置电路采用五线三相制配电，实训设备应良好接地。

（2）启动离心泵前，关闭阀门 V2、V3，避免离心泵启动时电流过大

图 2.44 关闭阀门

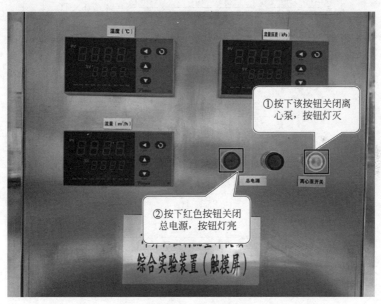

图 2.45 关闭总电源

损坏电机，关闭阀门 V2、V3 防止由于流量过大将转子流量计的玻璃管损坏。

（3）本实训所有测压管路均有关联，做实训时请确认所有测压阀门的开关状态，避免实训数据错误。

（4）在实训过程中每调节一个流量之后应待流量和直管压降的数据稳定以后方可记录数据。

（5）若较长时间未使用实训装置，启动离心泵前应先盘轴避免电机损坏。

任务三 数据处理

一、数据处理过程举例

1. 流体阻力测量

直管摩擦系数 λ 与雷诺数 Re 的测定。

① 光滑管小流量数据（以表 2.1 第 14 组数据为例）：

$V_s = 60\text{L/h}$；$p_2 = 56\text{mmH}_2\text{O}(1\text{mmH}_2\text{O} = 9.81\text{Pa})$。

实验水温 $t = 27.7℃$；黏度 $\mu = 0.85 \times 10^{-3} \text{Pa·s}$；密度 $\rho = 995.81 \text{kg/m}^3$。

管内流速

$$u = \frac{V_s}{\frac{\pi}{4}d^2} = \frac{60/3600/1000}{\frac{3.14}{4} \times 0.008^2} = 0.33(\text{m/s})$$

直管阻力

$$\Delta p_f = \rho g h = 995.81 \times 9.81 \times \frac{56}{1000} = 547(\text{Pa})$$

雷诺数

$$Re = \frac{du\rho}{\mu} = \frac{0.008 \times 0.33 \times 995.81}{0.85 \times 10^{-3}} = 3.12 \times 10^3$$

阻力系数

$$\lambda = \frac{2d}{\rho L} \times \frac{\Delta p_f}{u^2} = \frac{2 \times 0.008}{995.81 \times 1.70} \times \frac{547}{0.33^2} = 4.70 \times 10^{-2}$$

② 粗糙管大流量数据（以表 2.2 第 8 组数据为例）：

$V_s = 300\text{L/h}$；$p_1 = 15.6\text{kPa}$。

实验水温 $t = 27.7℃$；黏度 $\mu = 0.85 \times 10^{-3} \text{Pa·s}$；密度 $\rho = 995.81 \text{kg/m}^3$。

管内流速

$$u = \frac{V_s}{\frac{\pi}{4}d^2} = \frac{300/3600/1000}{\frac{\pi}{4} \times 0.01^2} = 1.06(\text{m/s})$$

阻力降

$$\Delta p_f = 15.6 \times 1000 = 15600 \text{Pa}$$

雷诺数

$$Re = \frac{du\rho}{\mu} = \frac{0.01 \times 1.06 \times 995.81}{0.85 \times 10^{-3}} = 1.25 \times 10^4$$

阻力系数

$$\lambda = \frac{2d}{\rho l} \times \frac{\Delta p_f}{u^2} = \frac{2 \times 0.01}{995.81 \times 1.70} \times \frac{15600}{1.06^2} = 0.164$$

2. 局部阻力系数 ζ 的测定

局部阻力实验数据：$V_s = 800\text{L/h}$。

近端压差 $p_{近} = 49.6\text{kPa}$；远端压差 $p_{远} = 50.1\text{kPa}$。

实验水温 $t = 29.2℃$；黏度 $\mu = 0.82 \times 10^{-3} \text{Pa·s}$；密度 $\rho = 995.40 \text{kg/m}^3$。

管内流速

$$u = \frac{V_s}{\frac{\pi}{4}d^2} = \frac{800/3600/1000}{\frac{\pi}{4} \times 0.02^2} = 0.71 \text{m/s}$$

局部阻力 $\Delta p'_f = 2(p_b - p_{b'}) - (p_a - p_{a'}) = 2 \times 49.6 - 50.1 = 4.91 \times 10^4 (\text{Pa})$

局部阻力系数

$$\zeta = \frac{2}{\rho} \times \frac{\Delta p'_f}{u^2} = \frac{2}{995.40} \times \frac{49100}{0.71^2} = 197$$

数据表格如表 2.1 和表 2.2 所示，所绘曲线见图 2.46。

表 2.1　单相流动阻力测定实训数据记录及处理结果表（实训管路 1 光滑管）

光滑管内径:$d=0.008$mm　　管长:$l=1.70$m　　液体温度:$t=27.7$℃
液体密度:$\rho=995.81$kg/m^3　　液体黏度:$\mu=0.85\times10^{-3}$Pa·s

序号	流量 V_s/(L/h)	直管压差 Δp		流速 u/(m/s)	雷诺数 $Re\times10^{-4}$	直管摩擦系数 $\lambda\times10^2$
		p_1/kPa	p_2/mmH$_2$O			
1	1000	108.3		5.53	5.191	3.35
2	900	89.3		4.98	4.672	3.41
3	800	67.0		4.42	4.153	3.24
4	700	51.2		3.87	3.633	3.23
5	600	37.8		3.32	3.115	3.25
6	500	26.9		2.77	2.596	3.33
7	400	16.8		2.21	2.077	3.25
8	300	9.6		1.66	1.557	3.30
9	200	4.7		1.11	1.038	3.63
10	100		139	0.55	0.519	4.20
11	90		126	0.50	0.467	4.70
12	80		99	0.44	0.415	4.67
13	70		75	0.39	0.363	4.62
14	60		56	0.33	0.312	4.70
15	50		39	0.28	0.260	4.71
16	40		22	0.22	0.208	4.15
17	30		15	0.17	0.156	5.03
18	20		10	0.11	0.104	7.55
19	10		4	0.06	0.052	3.35

表 2.2　单相流动阻力测定实训数据记录及处理结果表（实训管路 3 粗糙管）

粗糙管内径:$d=0.010$mm　　管长:$l=1.70$m　　液体温度:$t=27.7$℃
液体密度:$\rho=995.81$kg/m^3　　液体黏度:$\mu=0.85\times10^{-3}$Pa·s

序号	流量 V_s/(L/h)	直管压差 Δp		流速 u/(m/s)	雷诺数 $Re\times10^{-4}$	直管摩擦系数 $\lambda\times10$
		p_1/kPa	p_2/mmH$_2$O			
1	1000	145.5		3.54	4.153	1.37
2	900	114.3		3.18	3.738	1.33
3	800	96.9		2.83	3.322	1.43
4	700	72.3		2.48	2.907	1.39
5	600	55.5		2.12	2.492	1.45
6	500	41.6		1.77	2.077	1.57

续表

序号	流量 V_s/(L/h)	直管压差 Δp		流速 u/(m/s)	雷诺数 $Re \times 10^{-4}$	直管摩擦系数 $\lambda \times 10$
		p_1/kPa	p_2/mmH$_2$O			
7	400	27.3		1.42	1.661	1.61
8	300	15.6		1.06	1.246	1.64
9	200	6.5		0.71	0.831	1.53
10	100		263	0.35	0.415	2.42
11	90		227	0.32	0.374	2.58
12	80		189	0.28	0.332	2.72
13	70		139	0.25	0.291	2.61
14	60		108	0.21	0.249	2.77
15	50		81	0.18	0.208	2.99

表2.3 局部阻力测定实训数据记录及处理结果表（实训管路4）

实训管路内径：$d=0.020$m　　　　　　液体温度：$t=29.2$℃
液体密度：$\rho=995.81$kg/m^3　　　　液体黏度：$\mu=0.82\times10^{-3}$Pa·s

序号	流量 V_s/(L/h)	近端压差 $p_\text{近}$/kPa	远端压差 $p_\text{远}$/kPa	流速 u/(m/s)	局部阻力压差 p_3/kPa	局部阻力系数 ζ
1	800	49.6	50.1	0.71	49.1	197.0
2	600	28.3	28.6	0.53	28.0	199.7
3	400	13.1	13.3	0.35	12.9	207.0

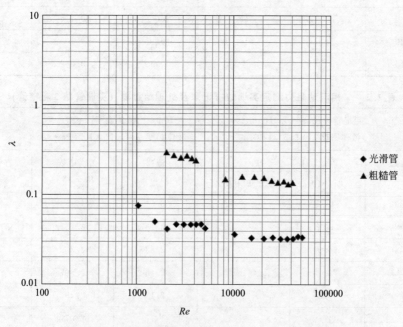

图2.46　直管摩擦阻力系数 λ 与雷诺准数 Re 关系图

二、实训任务单

<u>　　　　　</u>流体流动阻力测定实训

1. 实训内容

2. 实训原理

3. 实训步骤

4. 数据处理

数据记录及处理结果见表 2.4~表 2.6。

表 2.4 单相流动阻力测定实训数据记录及处理结果空白表（实训管路 1 光滑管）

光滑管内径：$d=$　　mm　　管长：$l=$　　m　　液体温度：$t=$　　℃
液体密度：$\rho=$　　kg/m³　　液体黏度：$\mu=$　　Pa·s

序号	流量 $V_s/(L/h)$	直管压差 Δp		流速 $u/(m/s)$	雷诺数 $Re\times 10^{-4}$	直管摩擦系数 $\lambda\times 10^2$
		p_1/kPa	p_2/mmH₂O			
1						
2						
3						
4						
5						
6						
7						
8						
9						
10						
11						
12						
13						
14						
15						
16						
17						
18						
19						
20						

表 2.5　单相流动阻力测定实训数据记录及处理结果空白表（实训管路 3 粗糙管）

粗糙管内径：$d=$　　mm　　管长：$l=$　　m　　液体温度：$t=$　　℃
液体密度：$\rho=$　　kg/m³　　液体黏度：$\mu=$　　Pa·s

序号	流量 V_s/(L/h)	直管压差 Δp		流速 u/(m/s)	雷诺数 $Re\times 10^{-4}$	直管摩擦系数 $\lambda\times 10$
		p_1/kPa	p_2/mmH₂O			
1						
2						
3						
4						
5						
6						
7						
8						
9						
10						
11						
12						
13						
14						
15						
16						
17						
18						
19						
20						

表 2.6　局部阻力测定实训数据记录及处理结果空白表（实训管路 4）

实训管路内径：$d=$　　mm　　液体温度：$t=$　　℃
液体密度：$\rho=$　　kg/m³　　液体黏度：$\mu=$　　Pa·s

序号	流量 V_s/(L/h)	近端压差 $p_{近}$/kPa	远端压差 $p_{远}$/kPa	流速 u/(m/s)	局部阻力压差 p_3/kPa	局部阻力系数 ζ
1						
2						
3						
4						
5						

续表

序号	流量 V_s/(L/h)	近端压差 $p_{近}$/kPa	远端压差 $p_{远}$/kPa	流速 u/(m/s)	局部阻力压差 p_3/kPa	局部阻力系数 ζ
6						
7						
8						
9						
10						

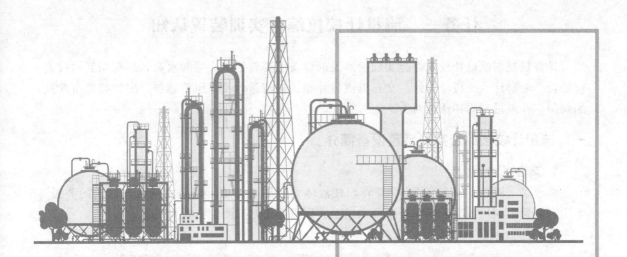

模块三

流量计校核综合实训

在化工生产过程中,常常需要测定流体的流速和流量。测量装置的形式有很多,这些装置又可分为两类:一类是定截面、变压差的流量计,它的流体通道截面是固定的,当通过的流量改变时,通过压强差的变化反映其流速的变化,如孔板流量计和文丘里流量计;一类是变截面、定压差的流量计,即流体通道截面随流量大小变化,而流体通过装置流道截面的压差则是固定的,如转子流量计。本模块的内容是标定两类流量计。

任务一　流量计校核综合实训装置认知

计算机控制流量计校核综合实训所涉及的设备主要包括离心泵和水箱，装置用到的仪表包括转子流量计、孔板流量计、文丘里流量计和涡轮流量计及差压传感器，实训装置所涉及的阀门主要包括闸阀和球阀两类。

一、流量计校核综合实训装置设备简介

1. 离心泵

离心泵（图 3.1）是利用叶轮旋转而使液体发生离心运动，进而实现液体输送的装置。本实训装置中利用离心泵将水箱中的水送至实训管路中，以测定流量计流量。

图 3.1　离心泵

2. 水箱

水箱（图 3.2）用来储存实训测定所需的水（一般为蒸馏水或去离子水）。

二、流量计校核综合实训装置仪表简介

计算机控制流量计校核综合实训所涉及的仪表（图 3.3）包括涡轮流量计、孔板流量计、文丘里流量计、转子流量计以及用于测量压差的差压传感器。

1. 涡轮流量计

涡轮流量计是速度式流量计，当被测流体流过涡轮流量计时，在流体的作用下，叶轮受力旋转，其转速与管道平均流速成正比，同时，叶片周期性地切割电磁铁产生的磁力线，改变线圈的磁通量，根据电磁感应原理，在线圈内将感应出脉动的电势信号，即电脉冲信号，此电脉冲信号的频率与被测流体的流量成正比。

图 3.2 水箱

图 3.3 仪表简介

2. 孔板流量计

孔板流量计属于节流（差压）式流量计。孔板流量计是将标准孔板与多参量差压变送器（或差压变送、温度变送器及压力变送器）配套组成的高量程比差压流量装置，可测量气体、蒸汽、液体及天然气的流量。广泛应用于石油、化工、冶金、电力、供热、供水等领域的过程控制和测量。

3. 文丘里流量计

文丘里流量计属于节流（差压）式流量计。文丘里流量计是新一代差压式流量测量仪表，其基本测量原理是以能量守恒定律（运用伯努利方程和流动连续性方程）为基础的流量测量方法。内文丘里管由一圆形测量管和置入测量管内并与测量管同轴的特型芯体所构成。内文丘里管的结构特点使之在使用过程中不存在类似孔板节流件的锐缘磨蚀与积污问题,并能对节流前管内流体速度分布梯度及可能存在的各种非轴对称速度分布进行有效的流动调整(整流),从而实现高精确度与高稳定性的流量测量。

4. 转子流量计

转子流量计主要由锥形玻璃管和转子组成,流体以锥形玻璃管与转子形成的环隙为流通通道。流体流经流通通道所产生的压强差保持恒定,转子所处位置的高低不同,环隙(流通截面积)不同,流量不同,根据转子所处的位置高低读取流量。

5. 差压传感器

差压传感器是用来测量流动管路中两个压力之间差值的传感器,通常用于测量大流量(100~1000L/h)的压差。

流量计性能测定实训装置主要设备及仪器型号如表3.1所示。

表 3.1 流量计性能测定实训装置主要设备及仪器型号

序号	位号	名称	规格、型号
1		离心泵	WB70/055
2		水箱	长550mm×宽400mm×高450mm
3	T1	温度传感器	Pt100
4		数显温度计	AI501B 数显仪表
5	F1	涡轮流量计	LWGY-15,0~6m³/h
6		数显流量计	AI501BV24 数显仪表
7	F2	孔板流量计	孔径 ϕ15mm
8	F3	文丘里流量计	喉径 ϕ15mm
9	F4	转子流量计	LZB-40,量程 400~4000L/h
10	P1	差压传感器	SM9320DP,0~200kPa
11		数显压差计	AI501BV24 数显仪表
12	V	阀门	球阀、闸阀
13		离心泵入口管路	ϕ51mm×1.5mm
14		离心泵出口管路	ϕ51mm×1.5mm
15		计算机	

三、流量计校核综合实训装置阀门简介

1. 闸阀

闸阀分布见图 3.4。

2. 球阀

球阀分布见图 3.5。

四、流量计校核综合实训装置流程简介

本实训装置的流程图如图 3.6 所示。

水箱中的水经过离心泵,经涡轮流量计测定准确流量后被送往不同的流量计,当需要校

图 3.4 闸阀分布

图 3.5 球阀分布

准孔板流量计 F2 时，通过阀门 V5 调节流量大小，读取孔板流量计的数值并记录；当需要校准文丘里流量计 F3 时，通过阀门 V6 调节流量大小，读取文丘里流量计的数值并记录；当需要校准转子流量计 F4 时，通过阀门 V3 调节流量大小，读取转子流量计的数值并记录；经过不同流量计后的水流循环回水箱内。

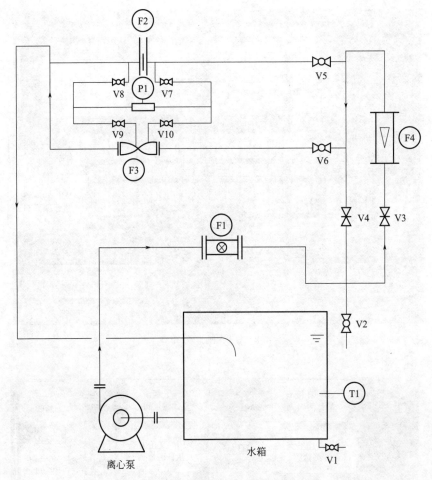

图 3.6 流量计性能测定实训装置流程图

F1—涡轮流量计；F2—孔板流量计；F3—文丘里流量计；F4—转子流量计；P1—差压传感器；T1—温度计；
V1—水箱放水阀；V2—管路放水阀；V3—转子流量计调节阀；V4—流量调节阀；V5,V6—切断阀；
V7,V8—孔板流量计测量阀；V9,V10—文丘里流量计测量阀

任务二　流量计的校核

一、流量计校核综合实训目的

（1）了解孔板、文丘里、转子及涡轮四种流量计的构造、工作原理和主要特点。
（2）练习并掌握节流式流量计的标定方法。
（3）练习并掌握节流式流量计流量系数 C 的确定方法，并能够根据实训结果分析流量系数 C 随雷诺数 Re 的变化规律。
（4）练习并掌握转子流量计的标定方法。

二、流量计校核综合实训内容

（1）测定并绘制节流式流量计的流量标定曲线，确定流量系数 C。

(2) 分析实训数据，得出节流式流量计流量系数 C 随雷诺数 Re 的变化规律。

(3) 测定并绘制转子流量计的流量标定曲线。

三、流量计校核综合实训原理

1. 节流式流量计

流体通过节流式流量计时在流量计上、下端两取压口之间产生压强差，它与流量的关系为

$$V_s = CA_0 \sqrt{\frac{2(p_上 - p_下)}{\rho}}$$

式中 V_s——被测流体（水）的体积流量，m³/s;

C——流量系数，无量纲；

A_0——节流孔开孔面积，m²，其中 $A_0 = \frac{\pi}{4} d_0^2$，$d_0$ 为节流孔直径，m;

$p_上 - p_下$——流量计上、下端两取压口之间的压强差，Pa;

ρ——被测流体（水）的密度，kg/m³。

2. 转子流量计

转子流量计是保持压力差几乎不变，让收缩的截面积变化。转子流量计的流体通道为一垂直的锥角约为 4°的微锥形玻璃管内置一转子（也称浮子）的构造。当被测流体以一定流量自下而上流过锥形管时，流体在环隙的速度变大，压力减小，在转子的上、下端面形成一个压差，使浮子浮起。随着浮子的上浮，环隙面积逐渐增大，环隙内的流速又将减小，转子两端的压差随之降低。当转子上浮至某一高度时，转子上、下两端压差引起的浮力等于转子本身所受的重力，转子停留在该位置处。若流体的流量改变，平衡被打破，转子将移到新的位置，以建立新的平衡。

3. 涡轮流量计

涡轮流量计是速度式流量计，当被测流体流过涡轮流量计传感器时，在流体的作用下，叶轮受力旋转，其转速与管道平均流速成正比，同时，叶片周期性地切割电磁铁产生的磁力线，改变线圈的磁通量，根据电磁感应原理，在线圈内将感应出脉动的电势信号，即电脉冲信号，此电脉冲信号的频率与被测流体的流量成正比。

本实训用涡轮流量计作为标准流量计来测量流量 V_s。每个流量在压差计及转子流量计上都有一个对应的读数，测量一组相关数据并作好记录，以压差计读数 Δp 为横坐标，流量 V_s 为纵坐标，在对数坐标上绘制成一条曲线，即为流量标定曲线。同时，通过整理数据，可进一步得到流量系数 C 随雷诺数 Re 的变化关系曲线。

四、计算机控制流量计校核综合实训

计算机控制流量计校核综合实训步骤主要包括实训前的准备、文丘里流量计标定测量、孔板流量计性能测定和转子流量计标定测量及实训结束后实训装置的整理。

1. 实训前准备工作

(1) 向水箱内注入蒸馏水（或者去离子水）至水箱 3/4 处（图 3.7）。

(2) 了解每个阀门的作用并检查每个阀门的开关状态，均关闭（图 3.8）。

(3) 实训装置接通电源。

流量计校核综合实训
装置开车准备操作

图 3.7 水箱注水

图 3.8 确认阀门状态

流量计校核综合实训
装置文丘里流量计
性能测定操作

2. 文丘里流量计性能测定实训

(1) 打开总电源开关，实训装置通电（图 3.9）。

(2) 将阀门 V6 打开，启动离心泵，缓慢打开阀门 V4，待系统稳定，相关操作见图 3.10。

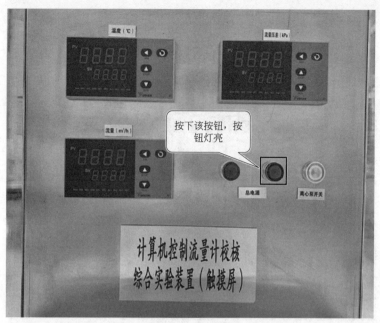

图 3.9 装置通电

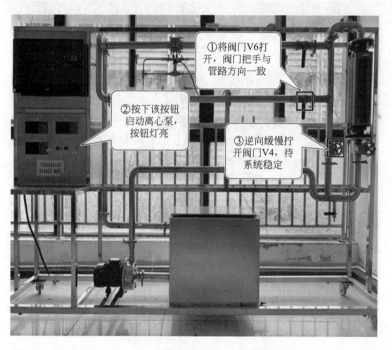

图 3.10 启动离心泵及相关操作

（3）将阀门 V9、V10 打开，记录水温（图 3.11）。

（4）用阀门 V4 调节流量，按照流量从小到大的顺序进行实训，读取并记录涡轮流量计读数、文丘里流量计压差，相关操作见图 3.12。

图 3.11　记录水温

图 3.12　调节流量和记录数据

流量计校核综合实训
装置孔板流量计
性能测定操作

3. 孔板流量计性能测定实训

(1) 检查阀门 V3~V10 处于全关状态（图 3.13）。

(2) 打开阀门 V5，启动离心泵，缓慢打开阀门 V4，待系统稳定，记录水温，相关操作见图 3.14。

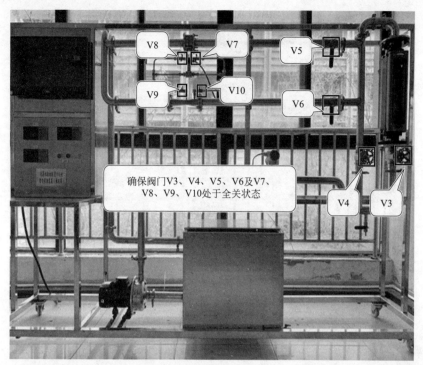

图 3.13 确定阀门状态

图 3.14 启动离心泵及相关操作

（3）将阀门 V7、V8 打开，记录水温（图 3.15）。

（4）用阀门 V4 调节流量，按照流量从小到大的顺序进行实训，读取并记录涡轮流量计读数、孔板流量计压差，如图 3.16 所示。

模块三 流量计校核综合实训 | 71

图 3.15　记录水温

图 3.16　调节流量和记录数据

流量计校核综合实训
装置转子流量计标定
测量操作

4. 转子流量计标定测量实训

(1) 检查阀门 V3～V10 处于全关状态（图 3.17）。

(2) 打开阀门 V6，启动离心泵，缓慢打开阀门 V3，待系统稳定，记录水温（图 3.18）。

图 3.17　检查阀门状态

图 3.18　启动离心泵及相关操作

（3）按照流量从小到大顺序用阀门 V3 调节流量，并记录涡轮流量计和转子流量计读数（图 3.19）。

（4）实训结束。

① 记录完所有数据后，将阀门 V3～V10 关闭（图 3.20）。

图 3.19　数据记录

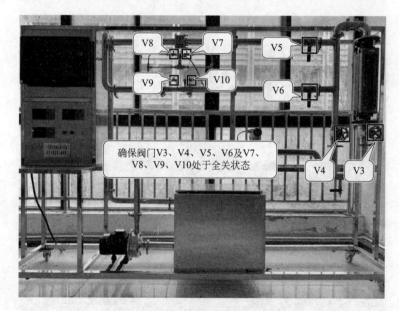

图 3.20　关闭阀门

② 关闭离心泵开关，关闭总电源（图 3.21），实训结束。将实训室一切复原。

5. 实训注意事项

流量计校核综合实训
装置停车操作

（1）离心泵启动前关闭阀门 V3、V4，避免离心泵启动时电流过大损坏电机，关闭阀门 V4 防止由于流量过大将转子流量计的玻璃管损坏。

（2）实训所用水质要保证清洁，以免影响涡轮流量计的正常运行。

（3）若实训装置长期不用，应将实训管路和水箱内的水放空，以保护涡轮流量计。

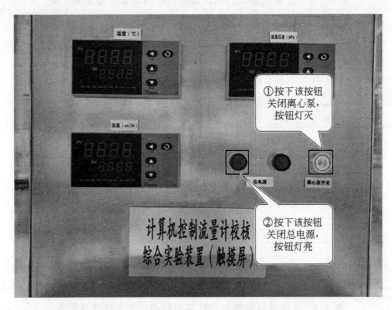

图 3.21 关闭离心泵及总电源

任务三　数据处理

一、数据处理过程举例

以文丘里流量计性能测定实训数据表 3.2 第 1 组数据为例。

文丘里流量计两端压差：$\Delta p = 32.1 \text{kPa}$；涡轮流量计流量：$V_s = 5.26 \text{m}^3/\text{h}$。

流过管路的流速：$u = \dfrac{V_s}{\dfrac{\pi}{4}d^2} = \dfrac{\dfrac{5.26}{3600}}{\dfrac{\pi}{4} \times 0.048^2} = 0.808 (\text{m/s})$

水温度为 25.3℃，查表可得：$\mu = 0.9 \times 10^{-3} \text{Pa} \cdot \text{s}$，$\rho = 996.43 \text{kg/m}^3$

雷诺数：$Re = \dfrac{du\rho}{\mu} = \dfrac{0.048 \times 0.808 \times 996.43}{0.90 \times 10^{-3}} = 4.290 \times 10^4$

流量系数：$C_V = \dfrac{V_s}{A_0 \sqrt{\dfrac{2\Delta p}{\rho}}} = \dfrac{\dfrac{5.26}{3600}}{\dfrac{3.14}{4} \times (0.015)^2 \times \sqrt{\dfrac{2 \times 32100}{996.43}}} = 1.031$

用同样处理方法可以得到表 3.2 的其他组数据结果。
其他数据见表 3.3 和表 3.4，所绘图见图 3.22～图 3.26。

表3.2 文丘里流量计性能测定实训数据记录及处理结果表

文丘里孔径:$d_0=15mm$　　　　水温:$t=25.3℃$
液体黏度:$\mu=0.9\times10^{-3}Pa\cdot s$　　液体密度:$\rho=996.43kg/m^3$

序号	文丘里流量计压差 p_1/kPa	流量 $V_s/(m^3/h)$	流速 $u/(m/s)$	雷诺数 $Re\times10^{-4}$	流量系数 C_V
1	32.1	5.26	0.808	4.290	1.031
2	27.1	4.83	0.742	3.940	1.030
3	21.0	4.25	0.653	3.467	1.030
4	14.9	3.62	0.556	2.953	1.041
5	9.9	2.96	0.455	2.414	1.044
6	5.8	2.36	0.362	1.925	1.088
7	2.9	1.60	0.246	1.305	1.043
8	0.7	0.73	0.112	0.595	0.969

表3.3 孔板流量计性能测定实训数据记录及处理结果表

孔板孔径:$d_0=15mm$　　　　水温:$t=25.3℃$
液体黏度:$\mu=0.9\times10^{-3}Pa\cdot s$　　液体密度:$\rho=996.43kg/m^3$

序号	孔板流量计压差 p_1/kPa	流量 $V_s/(m^3/h)$	流速 $u/(m/s)$	雷诺数 $Re\times10^{-4}$	流量系数 C_0
1	62.0	4.56	0.700	3.719	0.643
2	48.7	4.01	0.616	3.271	0.638
3	38.6	3.55	0.545	2.896	0.634
4	29.6	3.08	0.473	2.512	0.628
5	20.5	2.52	0.387	2.055	0.618
6	13.5	1.95	0.299	1.591	0.589
7	6.9	1.39	0.213	1.134	0.587
8	2.2	0.74	0.114	0.604	0.554

表3.4 转子流量计标定曲线测定实训数据记录表

序号	转子流量计流量 $V_{转}/(L/h)$	涡轮流量计流量 $V_s/(m^3/h)$
1	4000	3.95
2	3500	3.44
3	3000	2.93
4	2500	2.40
5	2000	1.92
6	1500	1.44
7	1000	0.96
8	500	0.48

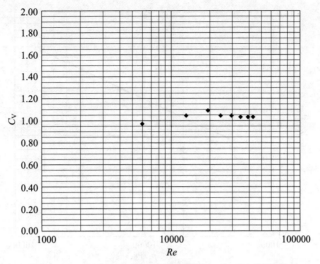

图 3.22　文丘里流量计流量系数 C_V 与 Re 关系图

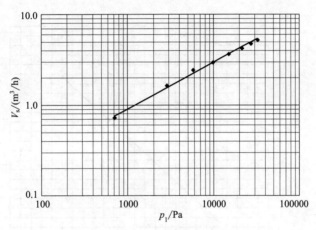

图 3.23　文丘里流量计标定曲线

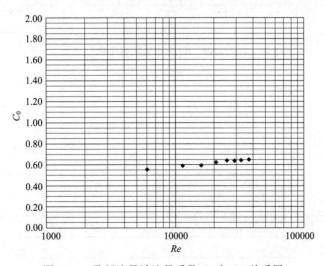

图 3.24　孔板流量计流量系数 C_0 与 Re 关系图

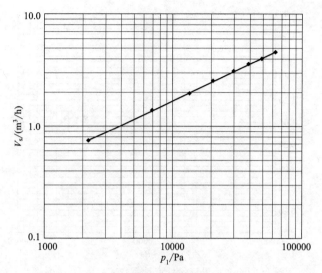

图 3.25 孔板流量计标定曲线

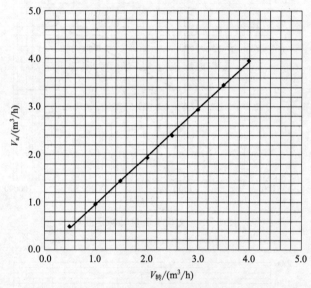

图 3.26 转子流量计标定曲线

二、实训任务单

1. 实训内容

_____
_____
_____
_____
_____
_____

2. 实训原理

3. 实训步骤

4. 数据处理

数据记录及处理结果见表 3.5～表 3.7。

表 3.5　文丘里流量计性能测定实训数据记录及处理结果空白表

文丘里孔径:$d_0=$　　mm　　　　　　水温:$t=$　　℃
液体黏度:$\mu=$　　Pa·s　　　　　　液体密度:$\rho=$　　kg/m³

序号	文丘里流量计压差 p_1/kPa	流量 V_s/(m³/h)	流速 u/(m/s)	雷诺数 $Re\times10^{-4}$	流量系数 C_V
1					
2					
3					
4					
5					
6					
7					
8					

表 3.6　孔板流量计性能测定实训数据记录及处理结果空白表

孔板孔径:$d_0=$　　mm　　　　　　水温:$t=$　　℃
液体黏度:$\mu=$　　Pa·s　　　　　　液体密度:$\rho=$　　kg/m³

序号	孔板流量计压差 p_1/kPa	流量 V_s/(m³/h)	流速 u/(m/s)	雷诺数 $Re\times10^{-4}$	流量系数 C_0
1					
2					
3					
4					
5					
6					
7					
8					

表 3.7　转子流量计标定曲线测定实训数据记录空白表

序号	转子流量计流量 $V_{转}$/(L/h)	涡轮流量计流量 V_s/(m³/h)
1		
2		
3		
4		
5		
6		
7		
8		

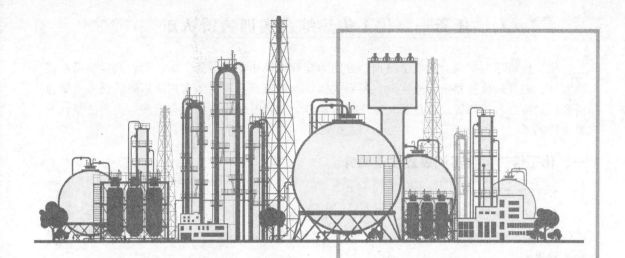

模块四

化工传热综合实训

化学工业与传热的关系尤为密切,化学反应过程和蒸发、蒸馏、干燥等单元过程,往往需要输入或输出能量,化工设备与管道的保温等也涉及传热问题。

通过对化工原理中热传导、热对流和热辐射相关理论的学习及传热的计算,可知传热的效果与传热面积、传热系数息息相关,化工传热综合及设计型实训装置是通过计算套管式换热器光滑管和强化管传热系数,对比传热效果的差异,通过列管式全流通实训和半流通实训测定传热面积对传热效果的影响。

任务一　化工传热综合实训装置认知

化工传热综合实训分为四个实训，分别为套管式换热器光滑管实训、套管式换热器粗糙管实训、列管式换热器全流通实训、列管式换热器半流通实训。本实训所用到的设备主要包括套管式换热器、列管式换热器、蒸汽发生器等，所涉及的仪表主要包括测温点和流量计的差压传感器。

一、化工传热综合实训装置设备简介

1. 套管式换热器

套管式换热器是用两种不同尺寸的标准管连接而成的同心圆套管，外部的叫壳程，内部的叫管程，构造见图4.1。两种不同介质可在壳程和管程内逆向（或同向）流动，以达到换热的效果。

2. 列管式换热器

列管式换热器是化工生产中应用最广的一种换热器。它主要由壳体、管板、换热管、封头、折流挡板等组成，可分别采用普通碳钢、紫铜或不锈钢制作。在进行换热时，一种流体由封头的接管进入，在管内流动，从封头另一端的出口管流出，这称为管程；另一种流体由壳体的接管进入，从壳体上的另一接管处流出，这称为壳程，如图4.2所示。

图4.1　套管式换热器的壳程和管程

图4.2　列管式换热器的壳程和管程

列管式换热器分为固定管板式换热器、浮头式换热器、U形管式换热器等形式。其中，以固定管板式换热器（图4.3）最为常见。

3. 蒸汽发生器

蒸汽发生器（图4.4）是将储槽过来的水，用电加热的方式，加热至常压下的水的沸点，使水汽化产生蒸汽，用于为换热器提供热源。其加热电压可以通过仪表数显盘面（图4.5）设定，一般设定在140～180V之间。

4. 蒸汽风冷器

蒸汽风冷器（图4.6）是用于将换热器使用后的蒸汽进行冷却，冷却水通过管道返回至储水槽，使用时有少许噪声。

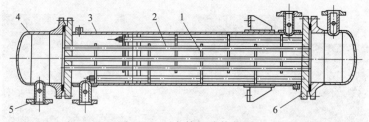

图 4.3 固定管板式换热器

1—折流挡板；2—管束；3—壳体；4—封头；5—接管；6—管板

图 4.4 套管式换热器的蒸汽发生器

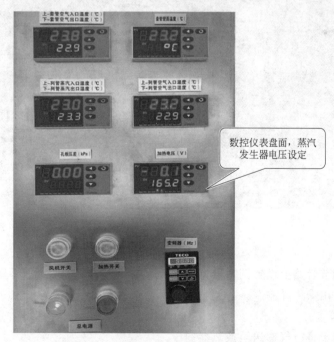

图 4.5 套管式换热器的数控仪表盘面

模块四 化工传热综合实训 | 83

图 4.6 换热装置的蒸汽风冷器

5. 视镜

在蒸汽风冷器与储槽之间有视镜（图 4.7），视镜为玻璃材质，可以观察蒸汽的凝结情况。在使用的过程中注意保护视镜，防止钝器等损坏视镜。

图 4.7 换热装置的视镜

6. 消声器

在空气旁路调节管路上设置消声器（图 4.8）。因减少全开旁路调节阀 V5 后，由空气的振动将导致管路发出噪声异响。

7. 旋涡气动泵

旋涡气动泵用于将空气输送至换热器内。

图 4.8　换热装置的消声器

图 4.9　换热装置的旋涡气动泵

二、化工传热综合实训装置阀门简介

本装置共有 6 个阀门，2 种类型，各个阀门的位置如图 4.10 所示。其中阀门 V5 为闸阀，阀门 V1、V2、V3、V4、V6 为球阀。

三、化工传热综合实训装置仪表简介

换热装置测温点的位置见图 4.11，数控面板见图 4.12，孔板流量计见图 4.13。

图 4.10 换热装置中的阀门位置

V1,V3—空气进口阀；V2,V4—蒸汽出口阀；V5—空气旁路调节阀；V6—排水阀

图 4.11 换热装置测温点的位置

四、化工传热综合实训装置流程简介

传热实训装置是用蒸汽与冷空气进行热量交换，空气的温度升高，蒸汽的温度降低，传热实训流程示意图如图 4.14 所示。

冷空气通过旋涡气动泵依次经过孔板流量计 F1、阀门 V1、测温点 T5 进入套管式换热器的管程内，与逆流而来的蒸汽进行热量交换，加热后的热空气经过测温点 T6 排放至环境中，空气通过空气 V5 旁路调节阀调节进入换热器，旁路尾部由于空气压力变化会产生噪

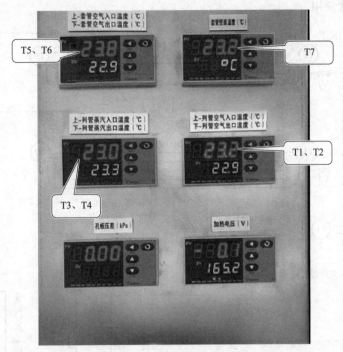

图 4.12 换热装置数控面板

T1—列管空气入口温度；T2—列管空气出口温度；T3—列管蒸汽入口温度；T4—列管蒸汽出口温度；T5—套管空气入口温度；T6—套管空气出口温度；T7—套管蒸壁面温度

图 4.13 换热装置中的孔板流量计

声，在旁路后端设置消声器，减少空气产生的噪声。

储水槽中的蒸馏水/去离子水经过蒸汽发生器进行加热蒸发成蒸汽，经过套管蒸汽进口阀门 V2 从套管上部进入套管式换热器壳程内与逆流而来的空气进行换热，换热后的蒸汽由于温度尚高，经过蒸汽风冷器进入视镜，通过视镜可以看出蒸汽冷凝成液态冷凝水，冷凝水循环回储水槽继续使用。

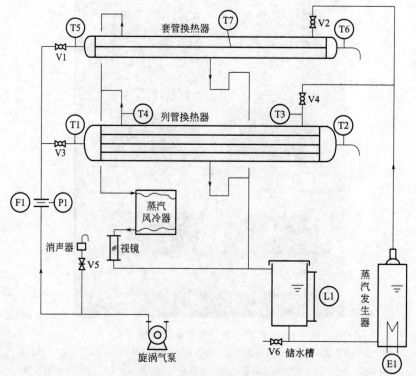

图 4.14 传热实训流程示意图

V1,V3—空气进口阀；V2,V4—蒸汽出口阀；V5—空气旁路调节阀；V6—排水阀；L1—401 液位计；
P1—孔板流量计的差压传感器；T1,T2—列管换热器空气进出口温度；T3,T4—列管换热器蒸汽进出口温度；
T5,T6—套管换热器空气进出口温度；T7—套管换热器内管壁面温度；
F1—孔板流量计；E1—蒸汽发生器内加热电压

任务二 套管式换热器光滑管实训

一、套管式换热器光滑管实训目的

（1）通过对空气-水蒸气简单套管换热器（E-401）的实训研究，掌握对流传热系数 α_i 的测定方法，加深对其概念和影响因素的理解。

（2）学会并应用线性回归分析方法，确定传热管关联式 $Nu = ARe^m Pr^{0.4}$ 中常数 A、m 的数值。本书中光滑管的努塞尔数用 Nu_0 表示。

（3）认识套管换热器的结构及操作方法，测定换热器的性能。

二、套管式换热器光滑管实训内容

（1）测定 6 组不同流速下简单套管换热器的对流传热系数 α_i。

（2）对 α_i 的实验数据进行线性回归，确定关联式 $Nu_0 = ARe^m Pr^{0.4}$ 中常数 A、m 的数值。

三、套管式换热器光滑管实训原理

1. 对流传热系数 α_i 的测定

对流传热系数 α_i 可以根据牛顿冷却定律,通过实验来测定。

$$Q_i = \alpha_i S_i \Delta t_m \tag{4.1}$$

$$\alpha_i = \frac{Q_i}{\Delta t_m S_i} \tag{4.2}$$

式中 α_i——管内流体对流传热系数,W/(m²·℃);
Q_i——管内传热速率,W;
S_i——管内传热面积,m²;
Δt_m——壁面与主流体间的平均温度差,℃。

平均温度差由下式确定:

$$\Delta t_m = t_w - t_m \tag{4.3}$$

式中 t_m——冷流体的入口、出口平均温度,℃;
t_w——壁面平均温度,℃。

因为换热器内管为紫铜管,其热导率很大,且管壁很薄,故认为内壁温度、外壁温度和壁面平均温度近似相等,用 t_w 来表示。由于管外使用蒸汽,所以 t_w 近似等于热流体的平均温度。

管内换热面积:

$$S_i = \pi d_i L_i \tag{4.4}$$

式中 d_i——内管管内径,m;
L_i——传热管测量段的实际长度,m。

由热量衡算式

$$Q_i = W_i c_{pi} (t_{i2} - t_{i1}) \tag{4.5}$$

其中质量流量由下式求得:

$$W_i = \frac{V_i \rho_i}{3600} \tag{4.6}$$

式中 V_i——冷流体在套管内的平均体积流量,m³/h;
c_{pi}——冷流体的定压比热容,kJ/(kg·℃);
ρ_i——冷流体的密度,kg/m³。
W_i——质量流量,kg/s。

c_{pi} 和 ρ_i 可根据定性温度 t_m 查得,$t_m = \frac{t_{i1} + t_{i2}}{2}$ 为冷流体进出口平均温度。

t_{i1}、t_{i2}、t_w、V_i 可通过一定的测量手段得到。

2. 对流传热系数准数关联式的实验确定

流体在管内作强制湍流,在被加热状态下准数关联式的形式为

$$Nu_i = A Re_i^m Pr_i^n \tag{4.7}$$

其中,$Nu_i = \frac{\alpha_i d_i}{\lambda_i}$;$Re_i = \frac{u_i d_i \rho_i}{\mu_i}$;$Pr_i = \frac{c_{pi} \mu_i}{\lambda_i}$。

物性数据 λ_i、c_{pi}、ρ_i、μ_i 可根据定性温度 t_m 查得。对于管内被加热的空气,$n = 0.4$,

则关联式的形式简化为

$$Nu_i = ARe_i^m Pr_i^{0.4} \qquad (4.8)$$

这样通过实训确定不同流量下的 Re_i 与 Nu_i，然后用线性回归方法确定 A 和 m 的值。

套管式换热器光滑管实训装置开车准备操作

四、套管式换热器光滑管实训操作步骤

1. 实训前的准备及检查工作

（1）向储水槽中加入蒸馏水至 2/3 处（图 4.15、图 4.16）。

图 4.15　向水槽中注水（1）

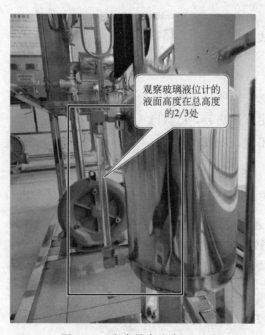

图 4.16　向水槽中注水（2）

（2）检查空气流量旁路调节阀 V5 是否全开（图 4.17）。

图 4.17 检查空气流量旁路调节阀

（3）检查蒸汽管支路控制阀 V2 或 V4 是否已打开（图 4.18），保证蒸汽管线的畅通。

图 4.18 检查蒸汽管支路控制阀

（4）接通电源总闸，设定加热电压（图 4.19）。

2. 套管换热器对流传热系数测定实训（光滑管）

（1）检查确认管程内无强化丝（图 4.20）。

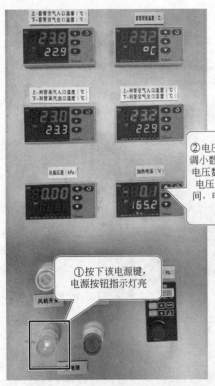

图4.19 设定加热电压

图4.20 检查强化丝

(2) 准备工作完毕后,打开蒸汽进口阀门V2或V4,启动仪表面板加热开关,对蒸汽发生器内液体进行加热(图4.21、图4.22)。

图4.21 打开蒸汽进口阀门

(3) 当所做套管换热器内管壁温升到接近100℃并保持5min不变时(图4.23),打开阀门V1,关闭阀门V3,全开旁路阀V5(图4.24),启动风机开关(图4.25)。

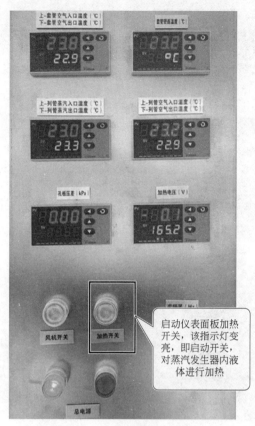

图 4.22 启动蒸汽发生器

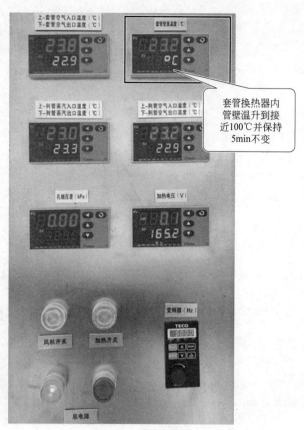

图 4.23 观察温度变化

图 4.24 调节阀门

（4）用旁路调节阀 V5 来调节空气流量，调好某一流量并稳定 3～5min 后（图 4.26），分别记录空气的流量压差，空气进、出口的温度及壁面温度（图 4.27）。改变流量，测量下

图 4.25 启动风机

组数据（图 4.28）。一般从小流量到最大流量，测量 5～6 组数据。

图 4.26 调节流量

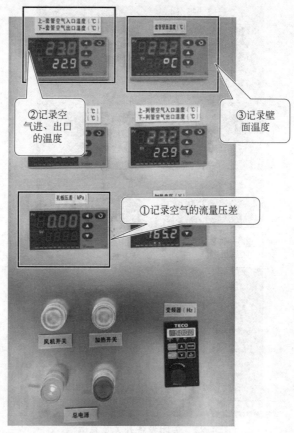

图 4.27 记录数据

图 4.28 测量其他数据

（5）实训完成后，先关闭加热开关，5min 后关闭风机电源，关闭总电源（图 4.29）。

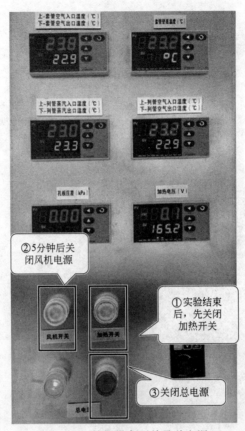

图 4.29 关闭设备开关及总电源

五、套管式换热器光滑管实训注意事项

（1）检查蒸汽发生器中的水位是否在正常范围内。特别是每个实训结束后，进行下一实训之前，如果发现水位过低，应及时补给水量。

（2）必须保证蒸汽上升管线的畅通。即在给蒸汽发生器电压之前，两蒸汽支路阀门之一必须全开。在转换支路时，应先开启需要的支路阀，再关闭另一侧，且开启和关闭阀门必须缓慢，防止管线截断或蒸汽压力过大突然喷出。

（3）必须保证空气管线的畅通。即在接通风机电源之前，两个空气支路控制阀之一和旁路调节阀必须全开。在转换支路时，应先关闭风机电源，然后开启和关闭支路阀。

（4）调节流量后，应至少稳定 3~5min 后读取实训数据。

（5）实训中保持上升蒸汽量的稳定，不应改变加热电压。

六、数据记录及数据处理过程

1. 数据记录及数据处理过程举例

套管换热器对流传热系数的测定（以表 4.1 第 1 组数据为例）。

空气孔板流量计压差：$\Delta p = 0.82$kPa；壁面温度：$t_w = 99.4$℃。

进口温度：$t_1 = 21.4$℃；出口温度：$t_2 = 61.6$℃。

传热管内径：$d_i = 20.0$mm $= 0.0200$m。

流通截面积：
$$F=\frac{\pi d_i^2}{4}=\frac{3.14\times(0.0200)^2}{4}=3.14\times10^{-4}(m^2)$$

传热管有效长度：$L=1.200m$

传热面积：
$$S_0=\pi\times L\times d_i=3.14\times1.200\times0.0200=7.54\times10^{-2}(m^2)$$

传热管测量段上空气平均物性常数的确定：

先算出测量段上空气的定性温度 t_m。为简化计算，取 t_m 值为空气进口温度 t_1 及出口温度 t_2 的平均值：

即
$$t_m=\frac{t_1+t_2}{2}=\frac{21.4+61.6}{2}=41.5(℃)$$

据此查得：测量段上空气的平均密度 $\rho_{t_m}=1.13kg/m^3$；

测量段上空气的平均比热容 $c_{p_{t_m}}=1005J/(kg\cdot℃)$；

测量段上空气的平均热导率 $\lambda_{t_m}=0.0276W/(m\cdot℃)$；

测量段上空气的平均黏度 $\mu_{t_m}=0.0000192Pa\cdot s$；

传热管测量段上空气的平均普朗特数的 0.4 次方为
$$Pr^{0.4}=0.696^{0.4}=0.865$$

空气流过测量段上平均体积 $V_m(m^3/h)$ 的计算：

孔板流量计体积流量：
$$V_{t_1}=C_0\times A_0\times\sqrt{\frac{2\times\Delta p}{\rho_{t_1}}}$$

式中，$C_0=0.65$，$d_0=0.017m$。

$V_{t_1}=(0.65\times3.14\times0.017^2\times3600/4)\times(2\times0.82\times1000/1.20)^{0.5}=19.60(m^3/h)$

传热管内平均体积流量 V_m：
$$V_m=V_{t_1}\times\frac{273+t_m}{273+t_1}=19.60\times(273+41.5)/(273+21.4)=20.94(m^3/h)$$

平均流速 u_m：
$$u_m=\frac{V_m}{F\times3600}=20.94/(0.0003142\times3600)=18.51m/s$$

冷热流体间的平均温度差 Δt_m 的计算：测得 $t_w=99.4℃$
$$\Delta t_m=t_w-\frac{t_1+t_2}{2}=99.4-41.5=57.9(℃)$$

其他项计算：

传热速率
$$Q=\frac{V_m\times\rho_{t_m}\times c_{p_{t_m}}\times\Delta t}{3600}=20.94\times1.13\times1005\times(61.6-21.4)/3600=267W$$

$$\alpha_i=\frac{Q}{\Delta t_m\times S_0}=267/(57.9\times0.0754)=61W/(m^2\cdot℃)$$

努塞尔数 $$Nu_0=Nu_i=\frac{\alpha_i d_i}{\lambda_i}=\frac{61\times0.0200}{0.0276}=44$$

测量段上空气的平均流速 $u_m = 18.51 \text{m/s}$。

雷诺数 $Re = \dfrac{d_i u_m \rho_{t_m}}{\mu_{t_m}} = (0.0200 \times 18.51 \times 1.13)/0.0000192 = 2.19 \times 10^4$

以 $\dfrac{Nu_0}{Pr^{0.4}}$-Re 作图、回归得到准数关联式 $Nu_0 = ARe^m Pr^{0.4}$ 中的系数。

$A = 0.0193$，$m = 0.7966$，$Nu_0 = 0.0193 Re^{0.7966} Pr^{0.4}$。

数据记录及整理表见表 4.1。

表 4.1 实训装置数据记录及整理表（光滑管换热器）

序号	1	2	3	4	5	6
空气流量压差 $\Delta p/\text{kPa}$	0.82	1.62	2.63	3.4	4.25	5.25
空气入口温度 $t_1/℃$	21.4	19.1	20.3	21.9	24.6	29.2
$\rho_{t_1}/(\text{kg/m}^3)$	1.20	1.21	1.21	1.20	1.19	1.18
空气出口温度 $t_2/℃$	61.6	58.2	57.1	57.3	58.2	60.7
$t_w/℃$	99.4	99.3	99.3	99.3	99.3	99.3
$t_m/℃$	41.50	38.65	38.70	39.60	41.40	44.95
$\rho_{t_m}/(\text{kg/m}^3)$	1.13	1.14	1.14	1.14	1.13	1.12
$\lambda_{t_m} \times 10^2/[\text{W/(m·℃)}]$	2.76	2.74	2.74	2.74	2.76	2.78
$c_{p_{t_m}}/[\text{J/(kg·℃)}]$	1005	1005	1005	1005	1005	1005
$\mu_{t_m} \times 10^5/(\text{Pa·s})$	1.92	1.90	1.91	1.91	1.92	1.93
$t_2 - t_1/℃$	40.20	39.10	36.80	35.40	33.60	31.50
$\Delta t_m/℃$	57.90	60.65	60.60	59.70	57.90	54.35
$V_{t_1}/(\text{m}^3/\text{h})$	19.60	27.46	35.05	39.94	44.83	50.15
$V_m/(\text{m}^3/\text{h})$	20.94	29.30	37.25	42.34	47.36	52.77
$u_m/(\text{m/s})$	18.51	25.91	32.93	37.44	41.87	46.66
Q/W	267	366	438	477	504	521
$\alpha_i/[\text{W/(m}^2\text{·℃)}]$	61	80	96	106	115	127
$Re \times 10^{-4}$	2.19	3.11	3.96	4.47	4.96	5.42
Nu_0	44	59	70	77	84	91
$Nu/Pr^{0.4}$	51	68	81	89	97	106

2. 实训数据处理

以表 4.2 中第 _____ 组数据为例。

套管换热器（光滑管）对流传热系数测定：

空气孔板流量计压差 $\Delta p = $ _____ kPa，壁面温度 $t_w = $ _____ ℃；

进口温度 $t_1 = $ _____ ℃，出口温度 $t_2 = $ _____ ℃；

传热管内径：$d_i = 20.0 \text{mm} = 0.0200 \text{m}$。

流通截面积：

$$F = \frac{\pi d_i^2}{4} = \frac{3.14 \times 0.0200^2}{4} = 3.14 \times 10^{-4} \, (\text{m}^2)$$

传热管有效长度：$L = 1.200 \, \text{m}$

传热面积：
$$S_0 = \pi \times L \times d_i = 3.14 \times 1.200 \times 0.0200 = 7.54 \times 10^{-2} \, (\text{m}^2)$$

传热管测量段上空气平均物性常数的确定。

先算出测量段上空气的定性温度 t_m，为简化计算，取 t 值为空气进口温度 t_1 及出口温度 t_2 的平均值：

即 $t_m = (t_1 + t_2)/2 = $ _____ ℃

据此查得：测量段上空气的平均密度 $\rho_{t_m} = $ _____ kg/m³；

测量段上空气的平均比热容 $c_{p_{t_m}} = $ _____ J/(kg·℃)；

测量段上空气的平均热导率 $\lambda_{t_m} = $ _____ W/(m·℃)；

测量段上空气的平均黏度 $\mu_{t_m} = $ _____ Pa·s。

传热管测量段上空气的平均普朗特数的 0.4 次方为

$$Pr_i = \frac{c_{pi}\mu_i}{\lambda_i} = \underline{\qquad}$$

$$Pr^{0.4} = (\underline{\qquad})^{0.4}$$

空气流过测量段上平均体积 $V_m (\text{m}^3/\text{h})$ 的计算：

孔板流量计体积流量：

$$V_{t_1} = C_0 \times A_0 \times \sqrt{\frac{2 \times \Delta p}{\rho_{t_1}}}$$

式中：$C_0 = 0.65$，$d_0 = 0.017 \, \text{m}$。

$$V_{t_1} = \underline{\qquad} \, \text{m}^3/\text{h}$$

传热管内平均体积流量 V_m：

$$V_m = V_{t_1} \times \frac{273 + t_m}{273 + t_1} = \underline{\qquad} \, \text{m}^3/\text{h}$$

平均流速 u_m：

$$u_m = \frac{V_m}{F \times 3600} = \underline{\qquad} \, \text{m/s}$$

冷热流体间的平均温度差 Δt_m 的计算：测得 $t_w = $ _____ ℃

$$\Delta t_m = t_w - \frac{t_1 + t_2}{2} = \underline{\qquad} \, ℃$$

其他项计算：

传热速率

$$Q = \frac{(V_m \times \rho_{t_m} \times c_{p_{t_m}} \times \Delta t)}{3600} = \underline{\qquad} \, \text{W}$$

$$\alpha_i = \frac{Q}{\Delta t_m \times S_0} = \underline{\qquad} \, \text{W}/(\text{m}^2 \cdot ℃)$$

努塞尔数 $Nu_0 \, Nu_i = \dfrac{\alpha_i d_i}{\lambda_i} = \underline{\qquad}$

测量段上空气的平均流速：
$$u = V_{t_1}/(F \times 3600) = \underline{\qquad} \text{ m/s}$$

雷诺数
$$Re_i = \frac{d_i u_i \rho_i}{\mu_i} = \underline{\qquad}$$

以 $\dfrac{Nu_0}{Pr^{0.4}}$-Re 作图、回归得到准数关联式 $Nu_0 = ARe^m Pr^{0.4}$ 中的系数。

$A = \underline{\qquad}$，$m = \underline{\qquad}$，$Nu_0 = \underline{\qquad}$。

数据记录及整理表见表 4.2。

表 4.2 实训装置数据记录及整理空白表（光滑管换热器）

序号	1	2	3	4	5	6
空气流量压差 Δp/kPa						
空气入口温度 t_1/℃						
ρ_{t_1}/(kg/m³)						
空气出口温度 t_2/℃						
t_w/℃						
t_m/℃						
ρ_{t_m}/(kg/m³)						
$\lambda_{t_m} \times 10^2$/[W/(m·℃)]						
$c_{p_{t_m}}$/[J/(kg·℃)]						
$\mu_{t_m} \times 10^5$/(Pa·s)						
$t_2 - t_1$/℃						
Δt_m/℃						
V_{t_1}/(m³/h)						
V_m/(m³/h)						
u_m/(m/s)						
Q/W						
α_i/[W/(m²·℃)]						
$Re \times 10^{-4}$						
Nu_0						
$Nu/Pr^{0.4}$						

任务三　套管式换热器粗糙管实训

一、套管式换热器粗糙管实训目的

（1）学会并应用线性回归分析方法，确定粗糙管关联式 $Nu=BRe^mPr^{0.4}$ 中 B 和 m 的数值。

（2）光滑管实训已经计算出 Nu_0，根据计算出的 Nu、Nu_0 求出强化比 Nu/Nu_0，比较强化传热的效果，加深理解强化传热的基本理论和基本方式。

（3）认识套管换热器（强化）的结构及操作方法，测定并比较光滑管和粗糙管换热器的性能。

二、套管式换热器粗糙管实训内容

（1）测定 6 组不同流速下强化套管换热器的对流传热系数 α_i。

（2）对 α_i 的实训数据进行线性回归分析，确定关联式 $Nu=BRe^mPr^{0.4}$ 中常数 B、m 的数值。

（3）通过光滑管实训确定 Nu_0、通过关联式 $Nu=BRe^mPr^{0.4}$ 确定 Nu，并确定传热强化比 Nu/Nu_0。

三、套管式换热器粗糙管实训原理

套管换热器（粗糙管）传热系数、准数关联式及强化比的测定。

强化传热技术，可以使初设计的传热面积减小，从而减小换热器的体积和重量，提高了现有换热器的换热能力，达到强化传热的目的。同时换热器能够在较小温差下工作，减小了换热器工作阻力，以减少动力消耗，更合理有效地利用能源。强化传热的方法有多种，本实训装置采用了多种强化方式。

其中，螺旋线圈由直径 3mm 以下的铜丝和钢丝按一定节距绕成。将金属螺旋线圈插入并固定在管内，即可构成一种强化传热管。在近壁区域，流体一面由于螺旋线圈的作用而发生旋转，一面还周期性地受到线圈的螺旋金属丝的扰动，因而可以使传热强化。由于绕制线圈的金属丝直径很细，流体旋流强度也较弱，所以阻力较小，有利于节省能源。螺旋线圈是以线圈节距 H 与管内径 d 的比值（$H/2d$）以及管壁粗糙度为主要技术参数，且长径比是影响传热效果和阻力系数的重要因素。

科学家通过实训研究总结了形式为 $Nu=BRe^m$ 的经验公式，其中 B 和 m 的值因强化方式不同而不同。在本实训中，确定不同流量下的 Re_i 与 Nu_i，用线性回归方法可确定 B 和 m 的值。

单纯研究强化手段的强化效果（不考虑阻力的影响），可以用强化比的概念作为评判准则，它的形式是：Nu/Nu_0，其中 Nu 是粗糙管的努塞尔数，Nu_0 是光滑管的努塞尔数，显然，强化比 $Nu/Nu_0>1$，而且它的值越大，强化效果越好。需要说明的是，如果评判强化方式的真正效果和经济效益，则必须考虑阻力因素，阻力系数随着换热系数的增加而增加，从而导致换热性能的降低和能耗的增加，只有强化比较高，且阻力系数较小的强化方式，才是最佳的强化方法。

套管式换热器粗糙管实训装置开车准备操作

套管式换热器粗糙管实训装置对流传热系数测定操作

四、套管式换热器粗糙管实训步骤

1. 实训前的准备及检查工作

套管式换热器粗糙管实训前准备工作与光滑管相似，具体如下。

(1) 向储水槽中加入蒸馏水至 2/3 处（图 4.15、图 4.16）。

(2) 检查空气流量旁路调节阀 V5 是否全开（图 4.17）。

(3) 检查蒸汽管支路控制阀 V2 或 V4 是否已打开，保证蒸汽管线的畅通（图 4.18）。

(4) 接通电源总闸，设定加热电压（图 4.19）。

2. 套管式换热器对流传热系数测定实训（粗糙管）

(1) 全部打开空气旁路阀 V5（图 4.30），确认风机处于断电状态（图 4.31）。

图 4.30　打开空气旁路阀门

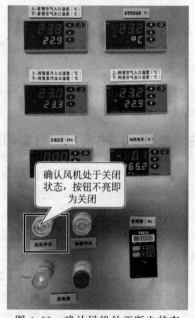

图 4.31　确认风机处于断电状态

(2) 把强化丝装进套管式换热器内并安装好（图 4.32~图 4.34）。

(3) 准备工作完毕后，打开蒸汽进口阀门 V2，启动仪表面板加热开关，对蒸汽发生器内液体进行加热（图 4.22）。

(4) 当所做套管式换热器内管壁温升到接近 100℃并保持 5min 不变时（图 4.23），打开阀门 V1，全开旁路阀 V5（图 4.24），启动风机开关（图 4.25）。

(5) 用旁路调节阀 V5 来调节空气流量，调好某一流量并稳定 3~5min 后（图 4.26），分别记录空气的流量压差，空气进、出口的温度及壁面温度（图 4.27）。改变流量，测量下组数据。一般从小流量到最大流量之间，要测量 5~6 组数据（图 4.28）。

(6) 本次实训结束，首先关闭加热开关，5min 后关闭风机电源，关闭总电源（图 4.29）。

图 4.32 安装强化丝

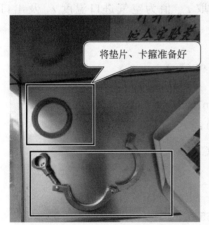

图 4.33 准备好垫片、卡箍

图 4.34 将卡箍螺栓固定于换热器处

五、套管式换热器粗糙管实训注意事项

（1）检查蒸汽发生器中的水位是否在正常范围内。特别是每个实训结束后，进行下一实训之前，如果发现水位过低，应及时补给水量。

（2）必须保证蒸汽上升管线的畅通。即在给蒸汽发生器电压之前，两蒸汽支路阀门之一必须全开。在转换支路时，应先开启需要的支路阀，再关闭另一侧，且开启和关闭阀门必须缓慢，防止管线截断或蒸汽压力过大突然喷出。

（3）必须保证空气管线的畅通。即在接通风机电源之前，两个空气支路控制阀之一和旁路调节阀必须全开。在转换支路时，应先关闭风机电源，然后开启和关闭支路阀。

(4) 调节流量后，应至少稳定 3～5min 后读取实训数据。
(5) 实训中保持上升蒸汽量的稳定，不应改变加热电压。

六、数据记录及数据处理

1. 数据处理过程举例

结合光滑管实训数据进行本次粗糙管实训数据的处理：
套管换热器对流传热系数测定（以表 4.3 第 1 组数据为例）。
空气孔板流量计压差 $\Delta p = 0.44$ kPa，壁面温度 $t_w = 99.4$ ℃；
进口温度 $t_1 = 24$ ℃，出口温度 $t_2 = 85.9$ ℃；
传热管内径：$d_i = 20.0$ mm $= 0.0200$ m。
流通截面积：

$$F = \frac{\pi d_i^2}{4} = \frac{3.14 \times 0.0200^2}{4} = 3.14 \times 10^{-4} (\text{m}^2)$$

传热管有效长度：$L = 1.200$ m
传热面积：

$$S_0 = \pi \times L \times d_i = 3.14 \times 1.200 \times 0.0200 = 7.54 \times 10^{-2} (\text{m}^2)$$

传热管测量段上空气平均物性常数的确定：
先算出测量段上空气的定性温度 t_m，为简化计算，取 t_m 值为空气进口温度 t_1 及出口温度 t_2 的平均值：

即

$$t_m = \frac{t_1 + t_2}{2} = \frac{24 + 85.9}{2} = 54.95 (\text{℃})$$

据此查得：测量段上空气的平均密度 $\rho_{t_m} = 1.09$ kg/m³；
测量段上空气的平均比热容 $c_{p_{t_m}} = 1005$ J/(kg·℃)；
测量段上空气的平均热导率 $\lambda_{t_m} = 0.0286$ W/(m·℃)；
测量段上空气的平均黏度 $\mu_{t_m} = 0.0000198$ Pa·s。
传热管测量段上空气的平均普朗特数的 0.4 次方为

$$Pr^{0.4} = 0.696^{0.4} = 0.865$$

空气流过测量段上平均体积 V_m（m³/h）的计算：
孔板流量计体积流量：

$$V_{t_1} = C_0 \times A_0 \times \sqrt{\frac{2 \times \Delta p}{\rho_{t_1}}}$$

式中，$C_0 = 0.65$；$d_0 = 0.017$ m。

$$V_{t_1} = (0.65 \times 3.14 \times 0.017^2 \times 3600/4) \times (2 \times 0.82 \times 1000/1.19)^{0.5} = 14.41 (\text{m}^3/\text{h})$$

传热管内平均体积流量 V_m：

$$V_m = V_{t_1} \times \frac{273 + t_m}{273 + t_1} = 14.41 \times (273 + 54.95)/(273 + 24) = 15.91 (\text{m}^3/\text{h})$$

平均流速 u_m:

$$u_m = \frac{V_m}{(F \times 3600)} = 15.91/(0.0003142 \times 3600) = 14.07(\text{m/s})$$

冷热流体间的平均温度差 Δt_m 的计算：测得 $t_w = 99.4℃$

$$\Delta t_m = t_w - \frac{t_1 + t_2}{2} = 99.4 - 54.95 = 44.45(℃)$$

其他项计算：

传热速率

$$Q = \frac{(V_m \times \rho_{t_m} \times c_{p_{t_m}} \times \Delta t)}{3600} = 15.91 \times 1.09 \times 1005 \times 61.9/3600 = 299(\text{W})$$

$$\alpha_i = \frac{Q}{(\Delta t_m \times S_0)} = 299/(44.45 \times 0.0754) = 89[\text{W}/(\text{m}^2 \cdot ℃)]$$

努塞尔数 $$Nu_i = \frac{\alpha_i d_i}{\lambda_i} = \frac{61 \times 0.0200}{0.0276} = 44$$

测量段上空气的平均流速 $u_m = 14.07 \text{m/s}$。

雷诺数 $$Re = \frac{d_i u_m \rho_{t_m}}{\mu_{t_m}} = 0.0200 \times 14.07 \times 1.09/0.0000198 = 1.55 \times 10^4$$

以 $\frac{Nu}{Pr^{0.4}}$-Re 作图回归得到准数关联式 $Nu = ARe^m Pr^{0.4}$ 中的系数。

$$A = 0.0208, m = 0.8454, Nu = 0.0208Re^{0.8454}Pr^{0.4}$$

重复以上计算步骤，处理粗糙管的实训数据。作图回归得到准数关联式 $Nu_0 = BRe^m$ 中的系数。$Nu_0 = 0.0208Re^{0.8454}Pr^{0.4}$。

求出强化比 Nu/Nu_0。

数据记录及整理表见表 4.3。

表 4.3 实训装置数据记录及整理表（粗糙管换热器）

序号	1	2	3	4	5	6
空气流量压差 Δp/kPa	0.44	0.86	1.31	1.77	2.18	2.83
空气入口温度 t_1/℃	24	21	21.2	23.3	25.7	31.5
ρ_{t_1}/(kg/m³)	1.19	1.20	1.20	1.20	1.19	1.17
空气出口温度 t_2/℃	85.9	83.6	82.1	81.5	81.7	82.6
t_w/℃	99.4	99.3	99.2	99.3	99.2	99.3
t_m/℃	54.95	52.30	51.65	52.40	53.70	57.05
ρ_{t_m}/(kg/m³)	1.09	1.10	1.10	1.10	1.09	1.08

续表

序号	1	2	3	4	5	6
$\lambda_{t_m} \times 10^2 / [W/(m \cdot ℃)]$	2.86	2.84	2.83	2.84	2.85	2.87
$c_{p_{t_m}} / [J/(kg \cdot ℃)]$	1005	1006	1007	1008	1009	1010
$\mu_{t_m} \times 10^5 / (Pa \cdot s)$	1.98	1.97	1.97	1.97	1.97	1.99
$t_2 - t_1 / ℃$	61.90	62.60	60.90	58.20	56.00	51.10
$\Delta t_m / ℃$	44.45	47.00	47.55	46.90	45.50	42.25
$V_{t_1} / (m^3/h)$	14.41	20.06	24.77	28.88	32.16	36.95
$V_m / (m^3/h)$	15.91	22.20	27.33	31.71	35.17	40.05
$u_m / (m/s)$	14.07	19.63	24.17	28.04	31.10	35.41
Q/W	299	426	512	567	603	621
$\alpha_i / [W/(m^2 \cdot ℃)]$	89	120	143	160	176	195
$Re \times 10^{-4}$	1.55	2.19	2.71	3.13	3.44	3.85
Nu	63	85	101	113	123	136
$Nu/Pr^{0.4}$	72	98	117	131	143	157

2. 实训数据处理

套管换热器（E-401）（粗糙管）对流传热系数测定：

以表 4.4 中第 _____ 组数据为例。

空气孔板流量计压差 $\Delta p =$ _____ kPa，壁面温度 $t_w =$ _____ ℃。

进口温度 $t_1 =$ _____ ℃，出口温度 $t_2 =$ _____ ℃。

传热管内径：$d_i = 20.0$ mm $= 0.0200$ m。

流通截面积：

$$F = \frac{\pi d_i^2}{4} = \frac{3.14 \times 0.0200^2}{4} = 3.14 \times 10^{-4} (m^2)$$

传热管有效长度：$L = 1.200$ m

传热面积：

$$S_0 = \pi \times L \times d_i = 3.14 \times 1.200 \times 0.0200 = 7.54 \times 10^{-2} (m^2)$$

传热管测量段上空气平均物性常数的确定：先算出测量段上空气的定性温度 t_m，为简化计算，取 t_m 值为空气进口温度 t_1 及出口温度 t_2 的平均值：

即 $t_m = (t_1 + t_2)/2 =$ _____ ℃

据此查得：测量段上空气的平均密度 $\rho_{t_m} =$ _____ kg/m³；

测量段上空气的平均比热容 $c_{p_{t_m}} =$ _____ J/(kg·℃)；

测量段上空气的平均热导率 $\lambda_{t_m} =$ _____ W/(m·℃)；

测量段上空气的平均黏度 $\mu_{t_m}=$ _____ Pa·s。
传热管测量段上空气的平均普朗特准数的 0.4 次方为

$$Pr_i=\frac{c_{p_i}\mu_i}{\lambda_i}=\underline{\qquad}$$

$$Pr^{0.4}=(\underline{\qquad})^{0.4}$$

空气流过测量段上平均体积 $V_m(m^3/h)$ 的计算：
孔板流量计体积流量：

$$V_{t_1}=C_0\times A_0\times\sqrt{\frac{2\times\Delta p}{\rho_{t_1}}}$$

式中，$C_0=0.65$；$d_0=0.017m$。

$$V_{t_1}=\underline{\qquad} m^3/h$$

传热管内平均体积流量 V_m：

$$V_m=V_{t_1}\times\frac{273+t_m}{273+t_1}=\underline{\qquad} m^3/h$$

平均流速 u_m：

$$u_m=\frac{V_m}{F\times 3600}=\underline{\qquad} m/s$$

冷热流体间的平均温度差 Δt_m 的计算：测得 $t_w=\underline{\qquad}$ ℃

$$\Delta t_m=t_w-\frac{t_1+t_2}{2}=\underline{\qquad} ℃$$

其他项计算：
传热速率：

$$Q=\frac{V_m\times\rho_{t_m}\times cp_{t_m}\times\Delta t}{3600}=\underline{\qquad} W$$

$$\alpha_i=\frac{Q}{\Delta t_m\times S_0}=\underline{\qquad} W/(m^2·℃)$$

努塞尔数 $$Nu_i=\frac{\alpha_i d_i}{\lambda_i}=\underline{\qquad}$$

测量段上空气的平均流速：

$$u_m=\frac{V_m}{F\times 3600}=\underline{\qquad} m/s$$

雷诺数 $$Re_i=\frac{d_i u_m \rho_{t_m}}{\mu_{t_m}}=\underline{\qquad}$$

以 $\frac{Nu}{Pr^{0.4}}$-Re 作图，回归得到准数关联式 $Nu=ARe^m Pr^{0.4}$ 中的系数。

$A=\underline{\qquad}$，$m=\underline{\qquad}$，$Nu=\underline{\qquad}$

重复以上计算步骤，处理粗糙管的实训数据。作图回归得到准数关联式 $Nu_0=BRe^m$ 中的系数。$Nu_0=\underline{\qquad}$。

求出强化比 Nu/Nu_0。

数据见表 4.4、表 4.5，所绘图形见图 4.35。

表 4.4 实训装置数据记录及整理表（光滑管换热器）（引用自实训 2 数据处理）

序号	1	2	3	4	5	6
空气流量压差 Δp/kPa						
空气入口温度 t_1/℃						
ρ_{t_1}/(kg/m^3)						
空气出口温度 t_2/℃						
t_w/℃						
t_m/℃						
ρ_{t_m}/(kg/m^3)						
$\lambda_{t_m}\times 10^2$/[W/(m·℃)]						
$c_{p_{t_m}}$/[J/(kg·℃)]						
$\mu_{t_m}\times 10^5$/(Pa·s)						
t_2-t_1/℃						
Δt_m/℃						
V_{t_1}/(m^3/h)						
V_{t_m}/(m^3/h)						
u/(m/s)						
Q/W						
α_i/[W/(m^2·℃)]						
$Re\times 10^{-4}$						
Nu						
$Nu/Pr^{0.4}$						

表 4.5 实训装置数据记录及整理表（粗糙管换热器）

序号	1	2	3	4	5	6
空气流量压差 Δp/kPa						
空气入口温度 t_1/℃						
ρ_{t_1}/(kg/m^3)						
空气出口温度 t_2/℃						
t_w/℃						
t_m/℃						
ρ_{t_m}/(kg/m^3)						
$\lambda_{t_m}\times 10^2$/[W/(m·℃)]						

续表

序号	1	2	3	4	5	6
$c_{p_{t_m}}$ /[J/(kg·℃)]						
$\mu_{t_m} \times 10^5$/(Pa·s)						
$t_2 - t_1$/℃						
Δt_m/℃						
V_{t_1}/(m³/h)						
V_m/(m³/h)						
u_m/(m/s)						
Q/W						
α_i/[W/(m²·℃)]						
$Re \times 10^{-4}$						
Nu						
$Nu/Pr^{0.4}$						

从图 4.35 中可以得到：当 $Re = 3 \times 10^4$ 时，粗糙管 $\dfrac{Nu}{Pr^{0.4}} = $ _____，光滑管 $\dfrac{Nu_0}{Pr^{0.4}} = $ _____，强化比 $\dfrac{Nu}{Nu_0} = $ _____。

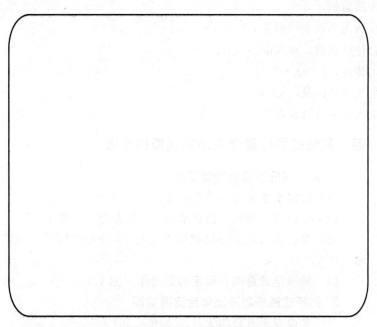

图 4.35　实训装置实训准数关联图

任务四　列管式换热器全流通实训

一、列管式换热器全流通实训目的

（1）通过列管换热器全流通换热面积实训测取数据计算总传热系数 K_0，加深对其概念和影响因素的理解。

（2）认识列管换热器的结构及操作方法，测定换热器的性能。

二、列管式换热器全流通实训内容

测定 6 组不同流速下空气全流通列管换热器总传热系数 K_0。

三、列管式换热器全流通实训原理

总传热系数 K_0 是评价换热器性能的一个重要参数，也是对换热器进行传热计算的依据。对于已有的换热器，可以通过测定有关数据，如设备尺寸、流体的流量和温度等，通过传热速率方程式计算 K_0 值。

传热速率方程式是换热器传热计算的基本关系。该方程式中，冷、热流体温度差 ΔT 是传热过程的推动力，它随着传热过程冷热流体的温度变化而改变。

传热速率方程式
$$Q = K_0 \times S_0 \times \Delta T_m \tag{4.9}$$

热量衡算式
$$Q = c_p \times W \times (t_2 - t_1) \tag{4.10}$$

总传热系数
$$K_0 = \frac{c_p \times W \times (t_2 - t_1)}{S_0 \times \Delta T_m} \tag{4.11}$$

式中　Q——热量，W；

　　　S_0——传热面积，m²；

　　ΔT_m——冷热流体的平均温差，℃；

　　　K_0——总传热系数，W/(m²·℃)；

　　　c_p——比热容，J/(kg·℃)；

　　　W——空气质量流量，kg/s；

　　$t_2 - t_1$——空气进出口温差，℃。

列管式换热器全流通实训装置开车准备操作

列管式换热器冷流体全流通实训装置开车操作

四、列管式换热器全流通实训操作步骤

1. 实训前的准备及检查工作

（1）向储水槽中加入蒸馏水至 2/3 处（图 4.15）。

（2）检查空气流量旁路调节阀 V5 是否全开（图 4.17）。

（3）检查蒸汽管支路控制阀 V2 或 V4 是否已打开，保证蒸汽管线的畅通（图 4.18）。

（4）接通电源总闸，设定加热电压（图 4.19）。

2. 列管式换热器冷流体全流通实训

（1）先检查所有管均无丝堵（图 4.36）。

图 4.36 检查列管无丝堵

（2）打开蒸汽进口阀门 V4（图 4.37），当蒸汽出口温度接近 100℃并保持 5min 不变（图 4.38），打开空气进口阀门 V3，全开旁路阀 V5（图 4.39）。

图 4.37 打开蒸汽进口阀门

模块四 化工传热综合实训 | 111

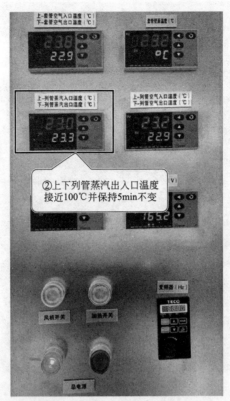

图 4.38 观察列管蒸汽出口温度变化

图 4.39 打开空气进口阀及旁路阀门

(3) 启动风机（图 4.40），利用旁路调节阀 V5 来调节空气流量，调好某一流量并稳定

3～5min后（图4.41），分别记录空气的流量，空气进、出口的温度及壁面温度（图4.27）。

图4.40 启动风机

图4.41 调节空气流量

（4）实训结束后，首先关闭加热开关，5min后关闭风机和总电源（图4.29）。为方便

模块四 化工传热综合实训 | 113

下次实训,按照实训前的准备,复原装置。

五、列管式换热器全流通实训注意事项

(1) 检查蒸汽发生器中的水位是否在正常范围内。特别是每个实训结束后,进行下一实训之前,如果发现水位过低,应及时补给水量。

(2) 必须保证蒸汽上升管线的畅通。即在给蒸汽发生器电压之前,两蒸汽支路阀门之一必须全开。在转换支路时,应先开启需要的支路阀,再关闭另一侧,且开启和关闭阀门必须缓慢,防止管线截断或蒸汽压力过大突然喷出。

(3) 必须保证空气管线的畅通。即在接通风机电源之前,两个空气支路控制阀之一和旁路调节阀必须全开。在转换支路时,应先关闭风机电源,然后开启和关闭支路阀。

(4) 调节流量后,应至少稳定 3~5min 后读取实训数据。

(5) 实训中保持上升蒸汽量的稳定,不应改变加热电压。

六、数据记录及数据处理

1. 数据记录及数据处理过程举例

列管换热器总传热系数的测定(以表 4.6 第 1 组数据为例):

空气孔板流量计压差 $\Delta p = 1.21 \text{kPa}$。

空气进口温度 $t_1 = 14.3 ℃$;空气出口温度 $t_2 = 77.3 ℃$。

蒸汽进口温度 $T_1 = 101.0 ℃$;蒸汽出口温度 $T_2 = 100.8 ℃$。

换热器内换热面积:$S_i = n \pi d_i L_i$,$d = 0.019 \text{m}$,$L = 1.2 \text{m}$,管程数 $n = 6$。

$$S_i = 3.14 \times 0.019 \times 1.2 \times 6 = 0.4295 (\text{m}^2)$$

体积流量:
$$V_{t_1} = C_0 \times A_0 \times \sqrt{\frac{2 \times \Delta p}{\rho_{t_1}}}$$

式中,$C_0 = 0.65$;$d_0 = 0.017 \text{m}$。

查表 t_1 得密度 $\rho = 1.227 \text{kg/m}^3$。

$$V_{t_1} = 0.65 \times \frac{\pi}{4} \times 0.017^2 \times \sqrt{\frac{2 \times 1.21 \times 1000}{1.227}} = 23.58 (\text{m}^3/\text{h})$$

校正后得:

$$V_m = V_{t_1} \times \frac{273 + t_m}{273 + t_1} = 23.58 \times \frac{273 + \frac{14.3 + 77.3}{2}}{273 + 14.3} = 26.16 (\text{m}^3/\text{h})$$

在 t_m 下查表得密度 $\rho = 1.12 \text{kg/m}^3$,$c_p = 1005 \text{J/(kg·K)}$。

所以
$$W_m = \frac{V_m \rho_m}{3600} = \frac{26.12 \times 1.12}{3600} = 0.0081 (\text{kg/s})$$

根据热量衡算式
$$Q = c_p \times W_m \times (T_2 - T_1) = 1005 \times 0.0081 \times (77.3 - 14.3) = 515.29 (\text{W})$$

$$\Delta t_1 = T_1 - t_1 = 101.0 - 14.3 = 86.7 (℃)$$

$$\Delta t_2 = T_2 - t_2 = 100.8 - 77.3 = 23.5(\text{℃})$$

$$\Delta T_m = \frac{\Delta t_1 - \Delta t_2}{\ln\left(\frac{\Delta t_1}{\Delta t_2}\right)} = \frac{86.7 - 23.5}{\ln\left(\frac{86.7}{23.5}\right)} = 48.51(\text{℃})$$

由传热速率方程式可知：

总传热系数 $K_0 = \dfrac{Q}{S_i \times \Delta T_m} = \dfrac{515.29}{0.4295 \times 48.51} = 24.73[\text{W}/(\text{m}^2 \cdot \text{℃})]$

2. 数据处理

列管换热器总传热系数的测定：

（以表 4.7 第____组数据为例）

空气孔板流量计压差 $\Delta p = $ _____ kPa。

空气进口温度 $t_1 = $ _____ ℃；空气出口温度 $t_2 = $ _____ ℃。

蒸汽进口温度 $T_1 = $ _____ ℃；蒸汽出口温度 $T_2 = $ _____ ℃。

换热器内换热面积：$S_i = n\pi d_i L_i$。

$d = 0.019\text{m}$，$L = 1.2\text{m}$，管程数 $n = 6$。

$$S_i = \underline{\qquad} = \underline{\qquad} \text{m}^2$$

体积流量：$V_{t_1} = C_0 \times A_0 \times \sqrt{\dfrac{2 \times \Delta p}{\rho_{t_1}}}$

式中，$C_0 = 0.65$；$d_0 = 0.017\text{m}$。

查表 t_1 得密度 $\rho = $ _____ kg/m^3。

$$V_{t_1} = \underline{\qquad} = \underline{\qquad} \text{m}^3/\text{h}$$

校正后得：

$$V_m = V_{t_1} \times \frac{273 + t_m}{273 + t_1} = \underline{\qquad} = \underline{\qquad} \text{m}^3/\text{h}$$

在 t_m 下查表得密度 $\rho = $ _____ kg/m^3 $cp = $ _____ J/(kg·℃)。

所以 $W_m = \dfrac{V_m \rho_m}{3600} = \underline{\qquad} = \underline{\qquad}$ kg/h

根据热量衡算式

$$Q = c_p \times W_m \times (T_2 - T_1) = \underline{\qquad} = \underline{\qquad} \text{W}$$

$$\Delta t_1 = T_1 - t_2 = \underline{\qquad} - \underline{\qquad} = \underline{\qquad} \text{℃}$$

$$\Delta t_2 = T_2 - t_1 = \underline{\qquad} - \underline{\qquad} = \underline{\qquad} \text{℃}$$

$$\Delta T_m = \frac{\Delta t_1 - \Delta t_2}{\ln\left(\frac{\Delta t_1}{\Delta t_2}\right)} = \underline{\qquad} = \underline{\qquad} \text{℃}$$

由传热速率方程式可知：

总传热系数 $K_0 = \dfrac{Q}{S_i \times \Delta T_m} = \underline{\qquad} = \underline{\qquad}$ W/(m^2·℃)

数据记录表见表 4.6、表 4.7。

表 4.6 列管换热器全流通数数据记录表

序号	空气流量压差 Δp /kPa	空气进口温度 t_1 /℃	空气出口温度 t_2 /℃	蒸汽进口温度 T_1 /℃	蒸汽出口温度 T_2 /℃	体积流量 V_{t_1} /(m³/h)	换热器体积流量 V_m /(m³/h)	质量流量 W_m /(kg/s)	空气进出口温差 t_2-t_1 /℃	传热量 Q/W	总传热系数 K_0 /[W/(m²·s)]
1	1.21	14.3	77.3	101	100.8	23.58	26.16	0.0081	63.0	515.29	24.73
2	2.33	15.4	76	100.9	100.8	32.76	36.21	0.0113	60.6	686.23	32.54
3	3.47	17.1	75.3	100.9	100.8	40.08	44.10	0.0137	58.2	801.50	38.05
4	4.52	18.9	75.1	100.9	100.8	45.86	50.27	0.0156	56.2	880.15	42.19
5	5.52	21.2	74.8	100.9	100.8	50.84	55.47	0.0171	53.6	923.45	44.81
6	6.55	24	75.2	100.9	100.8	55.60	60.40	0.0186	51.2	955.68	47.66

序号	空气入口密度 ρ_{t_1} /(kg/m³)	进出口平均温度 t_m /℃	换热器空气平均密度 ρ /(kg/m³)	$\Delta t_2 - \Delta t_1$ /℃	$\ln(\Delta t_2/\Delta t_1)$	Δt_m /℃	$\lambda_{t_m}\times 100$ /[W/(m·s)]	$c_{p_{t_m}}$ /[kW/(kg·℃)]	$\mu_{t_m}\times 10^5$ /(Pa·s)	换热面积 S_i /m²	u /(m/s)
1	1.227	45.8	1.120	62.8	1.29	48.51	2.79	1005	1.94	0.4296	4.27
2	1.223	45.7	1.120	60.5	1.23	49.09	2.79	1005	1.94	0.4296	5.92
3	1.218	46.2	1.119	58.1	1.18	49.04	2.79	1005	1.94	0.4296	7.20
4	1.211	47	1.116	56.1	1.16	48.57	2.80	1005	1.94	0.4296	8.21
5	1.204	48	1.113	53.5	1.12	47.98	2.81	1005	1.95	0.4296	9.06
6	1.194	49.6	1.107	51.1	1.09	46.68	2.82	1005	1.96	0.4296	9.87

表 4.7 列管换热器全流通数据记录空白表

序号	空气流量压差 Δp/kPa	空气进口温度 t_1/℃	空气出口温度 t_2/℃	蒸汽进口温度 T_1/℃	蒸汽出口温度 T_2/℃	体积流量 V_{t_1}/(m³/h)	换热器体积流量 V_m/(m³/h)	质量流量 W_m/(kg/s)	空气进出口温差 t_2-t_1/℃	传热量 Q/W	总传热系数 K_0/[W/(m²·s)]
1											
2											
3											
4											
5											
6											

序号	空气入口密度 ρ_1/(kg/m³)	进出口平均温度 t_m/℃	换热器空气平均密度 ρ/(kg/m³)	$\Delta t_2-\Delta t_1$/℃	$\ln(\Delta t_2/\Delta t_1)$	Δt_m/℃	$\lambda_{t_m}\times 100$/[W/(m·s)]	$c_{p_{t_m}}$/[kW/(kg·℃)]	$\mu_{t_m}\times 10^5$/(Pa·s)	换热面积 S_t/m²	u/(m/s)
1											
2											
3											
4											
5											
6											

任务五　列管式换热器半流通实训

一、列管式换热器半流通实训目的

（1）通过列管式换热器传热面积减少一半的实训测取数据计算总传热系数 K_0，加深对其概念和影响因素的理解。

（2）认识列管式换热器的结构及操作方法，测定并比较不同换热器的性能。

二、列管式换热器半流通实训内容

测定6组不同流速下空气半流通列管换热器总传热系数 K_0。

三、列管式换热器半流通实训原理

总传热系数 K_0 是评价换热器性能的一个重要参数，也是对换热器进行传热计算的依据。对于已有的换热器，可以通过测定有关数据，如设备尺寸、流体的流量和温度等，通过传热速率方程式计算 K_0 值。总传热系数与换热器的传热面积有关。通过实验测定，可发现全流通实验与半流通实验的 K_0 值不同。

四、列管式换热器半流通实训操作步骤

列管式换热器半流通实训装置开车准备操作

列管式换热器冷流体半流通实训装置开车操作

1. 实训前的准备及检查工作

（1）向储水槽中加入蒸馏水至 2/3 处（图 4.15）。

（2）检查空气流量旁路调节阀 V5 是否全开（图 4.17）。

（3）检查蒸汽管支路控制阀 V2 或 V4 是否已打开（图 4.18），保证蒸汽管线的畅通。

（4）接通电源总闸，设定加热电压（图 4.19）。

2. 列管式换热器冷流体半流通实训正常操作

（1）用准备好的丝堵堵上一半面积的内管（图 4.42）。

（2）打开加热开关（图 4.43），当蒸汽出口温度接近100℃并保持 5min 不变时，打开阀门 V3，全开旁路阀 V5（图 4.44）。

（3）启动风机（图 4.25），利用旁路调节阀 V5 来调节空气流量，调好某一流量后稳定 3～5min 后（图 4.26），分别记录空气的流量，空气进、出口的温度及壁面温度（图 4.27）。

（4）实训结束后，首先关闭加热开关，5min 后关闭风机和总电源（图 4.29）。为方便下次实训，按照实训前的准备，复原装置。

五、列管式换热器半流通实训注意事项

（1）检查蒸汽发生器中的水位是否在正常范围内。特别是每个实训结束后，进行下一实训之前，如果发现水位过低，应及时补给水量。

（2）必须保证蒸汽上升管线的畅通。即在给蒸汽发生器电压之前，两蒸汽支路阀门之一必须全开。在转换支路时，应先开启需要的支路阀，再关闭另一侧，且开启和关闭阀门必须缓慢，防止管线截断或蒸汽压力过大突然喷出。

图 4.42 丝堵封堵部分列管

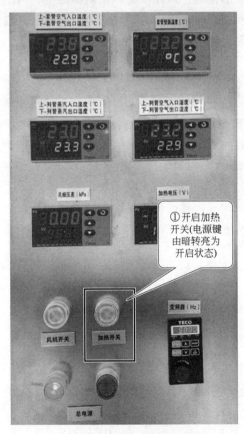

图 4.43 开启加热开关

图 4.44 注意蒸汽出口温度变化

（3）必须保证空气管线的畅通。即在接通风机电源之前，两个空气支路控制阀之一和旁路调节阀必须全开。在转换支路时，应先关闭风机电源，然后开启和关闭支路阀。

（4）调节流量后，应至少稳定 3～5min 后再读取实训数据。

（5）实训中保持上升蒸汽量的稳定，不应改变加热电压。

六、数据记录及数据处理

1. 数据记录及数据处理过程举例

列管换热器总传热系数的测定（以表 4.8 第 1 组数据为例）：

空气孔板流量计压差 $\Delta p = 1.21 \text{kPa}$。

空气进口温度 $t_1 = 14.3 ℃$；空气出口温度 $t_2 = 77.3 ℃$。

蒸汽进口温度 $T_1 = 101.0 ℃$；蒸汽出口温度 $T_2 = 100.8 ℃$。

换热器内换热面积：$S_i = n \pi d_i L_i$，$d = 0.019 \text{m}$，$L = 1.2 \text{m}$，管程数 $n = 6$。

$$S_i = 3.14 \times 0.019 \times 1.2 \times 6 = 0.4295 \text{m}^2$$

体积流量：

$$V_{t_1} = C_0 \times A_0 \times \sqrt{\frac{2 \times \Delta p}{\rho_{t_1}}}$$

式中，$C_0 = 0.65$，$d_0 = 0.017 \text{m}$。

查表 t_1 得密度 $\rho = 1.227 \text{kg/m}^3$。

$$V_{t_1} = 0.65 \times \frac{\pi}{4} \times 0.017^2 \times \sqrt{\frac{2 \times 1.21 \times 1000}{1.227}} = 23.58 (\text{m}^3/\text{h})$$

校正后得：

$$V_m = V_{t_1} \times \frac{273+t_m}{273+t_1} = 23.58 \times \frac{273+\left(\frac{14.3+77.3}{2}\right)}{273+14.3} = 26.16(\text{m}^3/\text{h})$$

在 t_m 下查表得密度 $\rho = 1.12 \text{kg/m}^3$，$cp = 1005 \text{J/(kg}\cdot\text{℃)}$。

所以

$$W_m = \frac{V_m \rho_m}{3600} = \frac{26.12 \times 1.12}{3600} = 0.0081(\text{kg/h})$$

根据热量衡算式

$$Q = c_p W_m (T_2 - T_1) = 1005 \times 0.0081 \times (77.3 - 14.3) = 515.29 \text{W}$$

$$\Delta t_1 = T_1 - t_1 = 101.0 - 14.3 = 86.7 \text{℃}$$

$$\Delta t_2 = T_2 - t_2 = 100.8 - 77.3 = 23.5 \text{℃}$$

$$\Delta T_m = \frac{\Delta t_1 - \Delta t_2}{\ln\left(\frac{\Delta t_1}{\Delta t_2}\right)} = \frac{86.7 - 23.5}{\ln\left(\frac{86.7}{23.5}\right)} = 48.51 \text{℃}$$

由传热速率方程式知：

总传热系数 $K_0 = \dfrac{Q}{S_i \times \Delta T_m} = \dfrac{515.29}{0.4295 \times 48.51} = 24.73 \text{W/(m}^2 \cdot \text{℃)}$

2. 数据处理

列管换热器总传热系数的测定：
（以表4.9第_____组数据为例）
空气孔板流量计压差 Δp = _____ kPa。
空气进口温度 t_1 = _____ ℃　　空气出口温度 t_2 = _____ ℃。
蒸汽进口温度 T_1 = _____ ℃　　蒸汽出口温度 T_2 = _____ ℃。
换热器内换热面积： $S_i = n\pi d_i L_i$
$d = 0.019 \text{m}$，$L = 1.2 \text{m}$，管程数 $n = 6$。

$$S_i = \underline{\qquad} = \underline{\qquad} \text{m}^2$$

体积流量：

$$V_{t_1} = C_0 \times A_0 \times \sqrt{\frac{2 \times \Delta p}{\rho_{t_1}}}$$

式中，$C_0 = 0.65$；$d_0 = 0.017 \text{m}$。

查表 t_1 得密度 ρ = _____ kg/m³。

$$V_{t_1} = \underline{\qquad} = \underline{\qquad} \ \mathrm{m^3/h}$$

校正后得：$V_{\mathrm{m}} = V_{t_1} \times \dfrac{273 + t_{\mathrm{m}}}{273 + t_1} = \underline{\qquad} = \underline{\qquad} \ \mathrm{m^3/h}$

在 t_{m} 下查表得密度 $\rho = \underline{\qquad} \ \mathrm{kg/m^3}$，$cp = \underline{\qquad} \ \mathrm{J/(kg \cdot ℃)}$

所以
$$W_{\mathrm{m}} = \dfrac{V_{\mathrm{m}} \rho_{\mathrm{m}}}{3600} = \underline{\qquad} = \underline{\qquad} \ \mathrm{kg/h}$$

根据热量衡算式

$$Q = cp \times W_{\mathrm{m}} \times (T_2 - T_1) = \underline{\qquad} = \underline{\qquad} \ \mathrm{W}$$

$\Delta t_1 = T_1 - t_1 = \underline{\qquad} - \underline{\qquad} = \underline{\qquad} \ ℃$

$\Delta t_2 = T_2 - t_2 = \underline{\qquad} - \underline{\qquad} = \underline{\qquad} \ ℃$

$$\Delta T_{\mathrm{m}} = \dfrac{\Delta t_1 - \Delta t_2}{\ln\left(\dfrac{\Delta t_1}{\Delta t_2}\right)} = \underline{\qquad} = \underline{\qquad} \ ℃$$

由传热速率方程式知：

总传热系数 $\quad K_0 = \dfrac{Q}{S_{\mathrm{i}} \times \Delta T_{\mathrm{m}}} = \underline{\qquad} = \underline{\qquad} \ \mathrm{W/(m^2 \cdot ℃)}$

3. 实验数据记录

图 4.45 为空气进、出口温度差随空气流量的变化图。从图 4.45 可以看出在输送相同空气流量时换热面积大，空气进出口温度差大，传热效果_____。

(粘贴绘制好的空气进出口温度差随空气流量变化的曲线图)

图 4.45　空气进出口温度差随空气流量的变化图

数据记录表见表 4.8、表 4.9。

表 4.8 列管换热器半流通数据记录表 (1)

序号	空气流量压差 Δp /kPa	空气入口温度 t_1 /℃	空气出口温度 t_2 /℃	蒸汽进口温度 T_1 /℃	蒸汽出口温度 T_2 /℃	体积流量 V_{t_1} /(m³/h)	换热器体积流量 V_m /(m³/h)	质量流量 W_m /(kg/s)	空气进出口温差 t_2-t_1 /℃	传热量 Q/W	总传热系数 K_0 /[W/(m²·s)]
1	1.22	11.6	70.3	101	100.8	23.58	26.0	0.0082	58.7	484.5	41.13
2	2.23	13.2	70.7	101	100.8	31.96	35.2	0.0111	57.5	639.6	55.18
3	3.2	14.8	70.3	101	100.8	38.37	42.1	0.0132	55.5	737.1	63.93
4	4.27	16.8	70.3	101	100.8	44.44	48.5	0.0152	53.5	817.5	71.88
5	5.4	19.6	70.3	101	100.8	50.17	54.5	0.0170	50.7	866.5	77.70
6	6.32	22.7	70.8	101	100.8	54.52	59.0	0.0183	48.1	884.0	81.64

序号	空气入口密度 ρ_{t_1} /(kg/m³)	进出口平均温度 t_m /℃	换热器空气平均密度 ρ /(kg/m³)	$\Delta t_2-\Delta t_1$ /℃	$\ln(\Delta t_2/\Delta t_1)$	Δt_m /℃	$\lambda_{t_m}\times 100$ /[W/(m·s)]	$c_{p_{t_m}}$ /[kW/(kg·℃)]	$\mu_{t_m}\times 10^5$ /(Pa·s)	换热面积 S_i /m²	u /(m/s)
1	1.236	40.95	1.136	58.5	1.07	54.85	2.75	1005	1.92	0.2148	8.50
2	1.231	41.95	1.133	57.3	1.06	53.97	2.76	1005	1.92	0.2148	11.49
3	1.225	42.55	1.131	55.3	1.03	53.68	2.77	1005	1.92	0.2148	13.74
4	1.219	43.55	1.128	53.3	1.01	52.95	2.77	1005	1.93	0.2148	15.86
5	1.209	44.95	1.123	50.5	0.97	51.92	2.78	1005	1.93	0.2148	17.81
6	1.199	46.75	1.117	47.9	0.95	50.41	2.80	1005	1.94	0.2148	19.26

模块四 化工传热综合实训

表 4.9 列管换热器半流通数据记录表 (2)

序号	空气入口密度 ρ_{t_1}/(kg/m³)	空气流量压差 Δp/kPa	空气进口温度 t_1/℃	空气出口温度 t_2/℃	蒸汽进口温度 T_1/℃	蒸汽出口温度 T_2/℃	体积流量 V_{t_1}/(m³/h)	换热器体积流量 V_m/(m³/h)	质量流量 W_m/(kg/s)	空气进出口温差 t_2-t_1/℃	传热量 Q/W	总传热系数 K_0/[W/(m²·s)]
1												
2												
3												
4												
5												
6												

序号	进出口平均温度 t_m/℃	换热器空气平均密度 ρ/(kg/m³)	$\Delta t_2-\Delta t_1$/℃	$\ln(\Delta t_2/\Delta t_1)$	Δt_m/℃	$\lambda_{t_m} \times 100$/[W/(m·s)]	$c_{p_{t_m}}$/[kW/(kg·℃)]	$\mu_{t_m} \times 10^5$/(Pa·s)	换热面积 S_1/m²	u/(m/s)
1										
2										
3										
4										
5										
6										

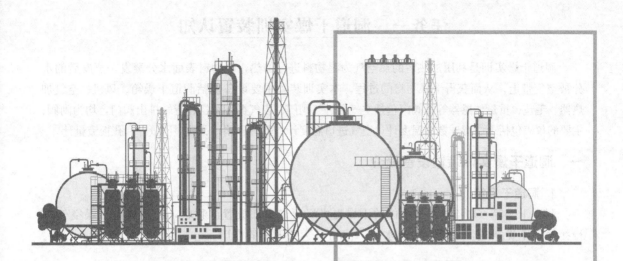

模块五

洞道干燥实训

干燥是利用热能使湿物料中的湿分（水分或其他溶剂）汽化，并利用气流或真空带走汽化了的湿分，从而获得干燥物料的操作。如湿法制粒中物料的干燥、溶液的喷雾干燥、流浸膏的干燥等。

洞道干燥是在洞道干燥箱内利用加热的空气对湿物料进行加热，使湿物料表面的水分被空气带走，从而获得干物料的实训操作。

任务一 洞道干燥实训装置认知

洞道干燥实训是利用加热后的热空气为湿物料进行加热,湿物料表面水分蒸发,蒸发后的水分被空气带走,从而获得干燥物料的过程。本实训装置主要设备包括洞道干燥箱、风机、空气加热器、毛毡、重量传感器等;阀门包括空气侧进气阀门、废气循环阀门和废气排出阀门,均为闸阀;主要的仪表包括干、湿球数湿温度计,空气进口温度计,数湿压差计、数湿质量计和孔板流量计。

一、洞道干燥实训装置设备简介

1. 洞道干燥箱

洞道干燥箱(图 5.1)为物体的干燥提供场所,内部放置湿物料,湿物料与干燥空气进行接触,干燥空气带走物料中的水分,使物料达到干燥的作用。

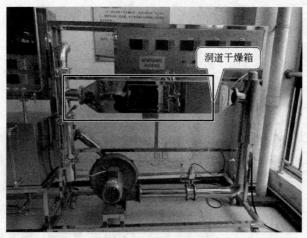

图 5.1 洞道干燥箱

2. 风机

风机(P-501,图 5.2)将新鲜空气传输给洞道干燥箱,起运输空气的作用。

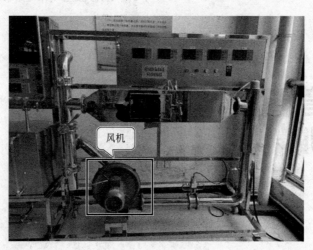

图 5.2 风机

3. 计算机显示屏

干燥物料的质量通过重量传感器传递给计算机、湿球温度和干球温度通过各自的温度传感器传递给计算机，计算机可自动绘制出干燥速率曲线，计算机显示屏见图5.3。

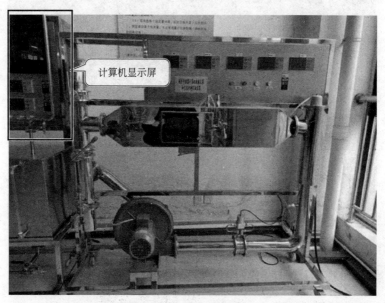

图5.3　计算机显示屏

4. 毛毡（帆布）

毛毡（图5.4）用水打湿后，作为实训对象，通过热空气对其进行干燥，根据其质量随时间的变化测定相应的干燥曲线和干燥速率曲线。

5. 重量传感器测定支架

重量传感器测定支架见图5.5。

　　图5.4　毛毡

图5.5　重量传感器测定支架

6. 空气加热器（E-501）

空气加热器（E-501，图5.6）是用电将空气进行加热的装置，主要是将低温空气加热至高温，用高温空气对湿物料进行干燥。

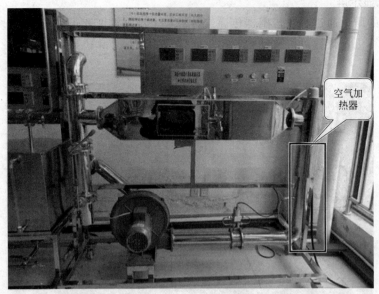

图 5.6 空气加热器

二、洞道干燥实训装置阀门简介

洞道干燥实训装置阀门如图 5.7 所示。

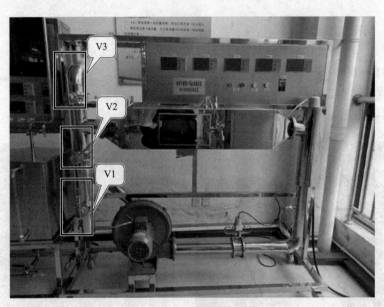

图 5.7 洞道干燥实训装置阀门
V1—空气进气阀；V2—废气循环阀；V3—废气排出阀

三、洞道干燥实训装置仪表简介

洞道干燥装置仪表一览见图 5.8。

1. 干球数显温度计（T-501）

将空气干球测温点测量的温度通过温度传感器传至数显温度计上，便于读取空气干球温度。

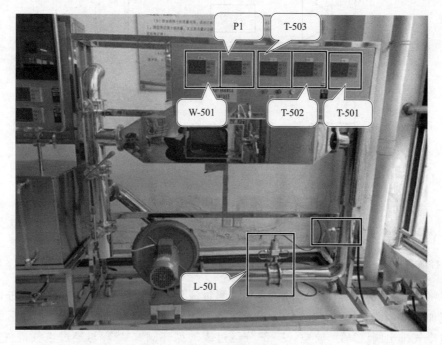

图 5.8 洞道干燥装置仪表一览

2. 湿球数显温度计（T-502）

将空气湿球测温点测量的温度通过温度传感器传至数显温度计上，便于读取空气湿球温度。

3. 数显温度计（T-503）

将空气进口测温点测量的现场温度通过温度传感器数字信号传送至数显温度计（T-503）上。

4. 数显压差计（P1）

将空气进口孔板流量计（L-501）测定的压差通过差压传感器传送至数显压差计（P1）上，便于计量空气进口的流量。

5. 数显质量计（W-501）

将毛毡上物料的质量经过重量传感器传递给数显质量计。

6. 孔板流量计（L-501）

用于计量为湿物料加热空气的流量。经差压传感器将数字信号传递给数显压差计（P1）。

四、洞道干燥实训装置流程简介

洞道干燥是利用热空气为湿物料进行加热干燥，使湿物料表面的水分蒸发达到干燥的目的。其流程示意图如图 5.9 所示，其面板图如图 5.10 所示。

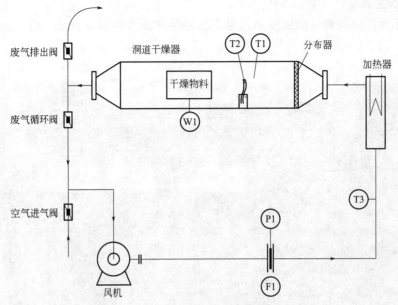

图5.9 洞道干燥实训装置流程示意图

W1—重量传感器;T1—湿球测温点;T2—干球测温点;T3—空气进口测温点;F1—孔板流量计;P1—数显压差计

风机将空气送至孔板流量计(L-501)并测量流量,经空气进口测温点测量进口温度后进入空气加热器(E-501)加热,然后进入洞道干燥器对湿物料进行干燥,干燥后的废气一部分经过废气排出阀(V3)放空,一部分经过废气循环阀(V2)与经过空气进气阀(V1)的新鲜空气混合后进入风机进行循环利用。

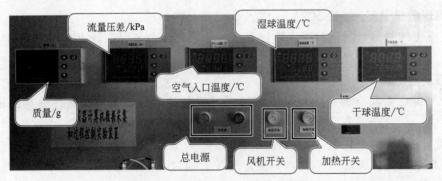

图5.10 洞道干燥实训装置面板图

任务二　干燥曲线和干燥速率曲线的测定

一、干燥曲线和干燥速率曲线的测定实训目的

(1) 练习并掌握干燥曲线和干燥速率曲线的测定方法。
(2) 练习并掌握物料含水量的测定方法。
(3) 通过实训加深对物料临界含水量 X_c 概念及其影响因素的理解。

(4) 练习并掌握恒速干燥阶段物料与空气之间对流传热系数的测定方法。

(5) 学会用误差分析方法对实训结果进行误差估算。

二、干燥曲线和干燥速率曲线的测定实训内容

(1) 在固定空气流量和空气温度条件下,测绘某种物料的干燥曲线、干燥速率曲线和该物料的临界含水量。

(2) 测定恒速干燥阶段该物料与空气之间的对流传热系数。

三、干燥曲线和干燥速率曲线的测定实训原理

当湿物料与干燥介质接触时,物料表面的水分开始汽化,并向周围介质传递。根据介质传递特点,干燥过程可分为两个阶段。

第一阶段为恒速干燥阶段。干燥过程开始时,由于整个物料湿含量(含水量)较大,其物料内部水分能迅速到达物料表面。此时干燥速率由物料表面水分的汽化速率所控制,故此阶段称为表面汽化控制阶段。这个阶段中,干燥介质传给物料的热量全部用于水分的汽化,物料表面温度维持恒定(等于热空气湿球温度),物料表面的水蒸气分压也维持恒定,干燥速率恒定不变,故称为恒速干燥阶段。

第二阶段为降速干燥阶段。当物料干燥到其水分临界湿含量后,便进入降速干燥阶段。此时物料中所含水分较少,水分自物料内部向表面传递的速率低于物料表面水分的汽化速率,干燥速率由水分在物料内部的传递速率所控制,称为内部迁移控制阶段。随着物料湿含量逐渐减少,物料内部水分的迁移速率逐渐降低,干燥速率不断下降,故称为降速干燥阶段。

恒速段(恒速干燥阶段)干燥速率和临界含水量的影响因素主要有:固体物料的种类和性质,固体物料层的厚度或颗粒大小,空气的温度、湿度和流速以及空气与固体物料间的相对运动方式等。

恒速段干燥速率和临界含水量是干燥过程研究和干燥器设计的重要数据。本实训在恒定干燥条件下对帆布物料进行干燥,测绘干燥曲线和干燥速率曲线,目的是掌握恒速段干燥速率和临界含水量的测定方法及其影响因素。

1. 干燥速率测定

$$U = \frac{dW'}{S d\tau} \approx \frac{\Delta W'}{S \Delta \tau} \tag{5.1}$$

式中 U——干燥速率,$kg/(m^2 \cdot h)$;

S——干燥面积,m^2(实训室现场提供);

$\Delta \tau$——时间间隔,h;

$\Delta W'$——$\Delta \tau$ 时间间隔内干燥汽化的水分质量,kg。

2. 物料干基含水量

$$X = \frac{G' - G'_C}{G'_C} \tag{5.2}$$

式中 X——物料干基含水量,kg 水/kg 绝干物料;

G'——固体湿物料的量,kg;

G'_C——绝干物料量,kg。

3. 恒速干燥阶段对流传热系数的测定

$$U_C = \frac{dW'}{S d\tau} = \frac{dQ'}{r_{t_w} S d\tau} = \frac{\alpha(t-t_w)}{r_{t_w}}$$

$$\alpha = \frac{U_C r_{t_w}}{t-t_w} \tag{5.3}$$

式中 α——恒速干燥阶段物料表面与空气之间的对流传热系数，$W/(m^2 \cdot \text{℃})$；

U_C——恒速干燥阶段的干燥速率，$kg/(m^2 \cdot s)$；

t_w——干燥器内空气的湿球温度，℃；

t——干燥器内空气的干球温度，℃；

r_{t_w}——t_w 下水的汽化热，J/kg。

4. 干燥器内空气实际体积流量的计算

由节流式流量计的流量公式和理想气体的状态方程式可推导出：

$$V_t = V_{t_0} \times \frac{273+t}{273+t_0} \tag{5.4}$$

式中 V_t——干燥器内空气实际流量，m^3/s；

t_0——流量计处空气的温度，℃；

V_{t_0}——常压下 t_0 时空气的流量，m^3/s；

t——干燥器内空气的温度，℃。

$$V_{t_0} = C_0 \times A_0 \times \sqrt{\frac{2 \times \Delta p}{\rho}} \tag{5.5}$$

$$A_0 = \frac{\pi}{4} d_0^2 \tag{5.6}$$

式中 C_0——流量计流量系数，$C_0 = 0.65$；

d_0——节流孔开孔直径，$d_0 = 0.035m$；

A_0——节流孔开孔面积，m^2；

Δp——节流孔上下游两侧压力差，Pa；

ρ——孔板流量计处 t_0 时空气的密度，kg/m^3。

四、干燥曲线和干燥速率曲线的测定实训注意事项

（1）重量传感器的量程为 0~200 克，精度比较高，所以在放置干燥物料时务必轻拿轻放，以免损坏重量传感器或降低重量传感器的灵敏度。

（2）当干燥器内有空气流过时才能开启加热装置，以避免干烧损坏加热器。

（3）干燥物料要保证充分浸湿但不能有水滴滴下，否则将影响实验数据的准确性。

（4）实训进行中不要改变智能仪表的设置。

五、干燥曲线和干燥速率曲线的测定实训操作

本实训装置主要包括实训前的准备工作、正常实训操作、实训结束后装置整理三个

部分。

1. 实训前的准备工作

查看实训设备是否齐全，洞道内是否有毛毡（帆布），总电源是否接通，阀门是否能够正常打开（图 5.11）。

2. 正常实训操作

（1）将干燥物料加支架放在重量传感器上（图 5.12），读取重量传感器

洞道干燥实训装置
开车准备操作

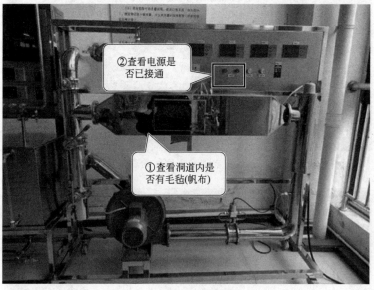

图 5.11　洞道干燥实训前的检查

测定支架和干物料的总重量并记录下来（$G_D + G_C$），关闭箱门（图 5.13）。

（2）将干燥物料（帆布）放入水中浸湿（图 5.14），将放湿球温度计纱布的烧杯装满水（图 5.15）。

（3）调节空气进气阀到全开的位置后启动风机（图 5.16）。

洞道干燥实训
装置开车操作

图 5.12　测定支架和干物料的总重量（1）

模块五　洞道干燥实训

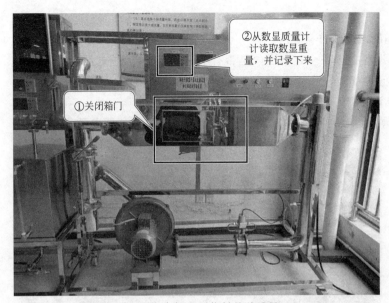

图 5.13　测定支架和干物料的总重量（2）

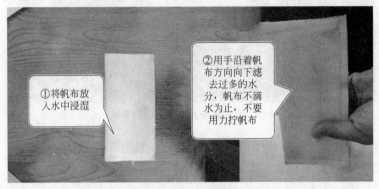

图 5.14　浸湿干燥物料（1）

图 5.15　浸湿干燥物料（2）

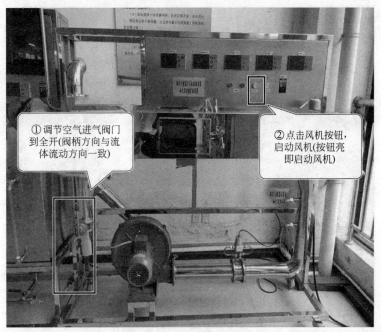

图 5.16　调节空气进气阀

（4）通过废气排出阀和废气循环阀调节空气到指定流量后，开启加热电源。在智能仪表中设定干球温度，仪表自动调节到指定的温度（图 5.17、图 5.18）。

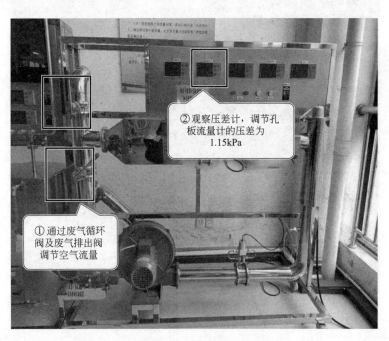

图 5.17　仪表自动调节到指定的温度（1）

（5）在空气温度、流量稳定条件下，将重量传感器支架放入洞道内，读取重量传感器测定支架的质量并记录下来（图 5.19）。

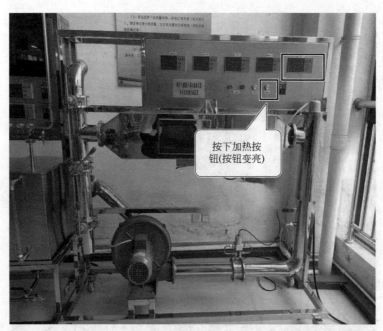

图 5.18　仪表自动调节到指定的温度（2）

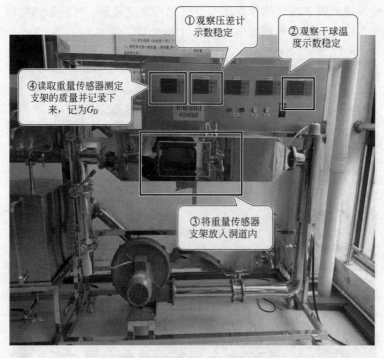

图 5.19　读取重量传感器测定支架的质量

（6）把充分浸湿的干燥物料（帆布）固定在重量传感器 W1 上并与气流方向平行放置，关好箱门（图 5.20～图 5.22）。

（7）在系统稳定状况下，每隔 3min 时记录干燥物料的质量，直至干燥物料的质量不再明显减轻为止（图5.23～图5.25）。

图5.20　帆布放入夹持器内

图5.21　固定干燥物料（帆布）

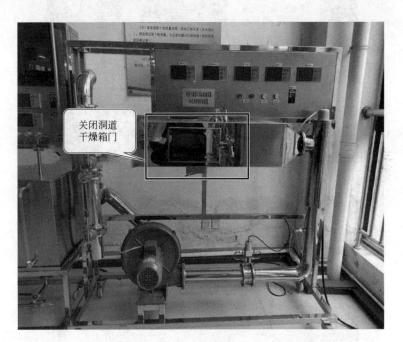
图5.22　关好箱门

（8）改变空气流量和空气温度，重复上述实训步骤并记录相关数据（图5.26）。

3. 实训结束后装置整理

实训结束时，先关闭加热电源，待干球温度降至常温后关闭风机电源和总电源（图5.27、图5.28）。一切复原。

洞道干燥实训
装置停车操作

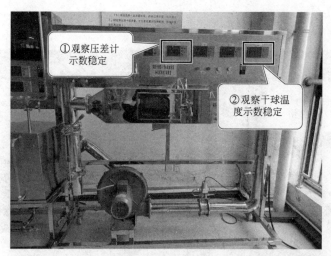

图 5.23 观察示数

图 5.24 记录示数

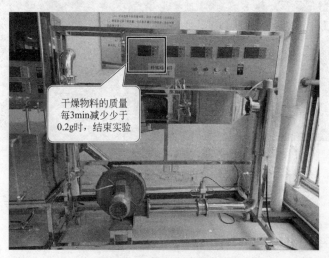

图 5.25 观察干燥物料质量变化

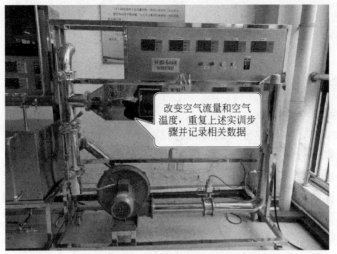

图 5.26 重复实验步骤

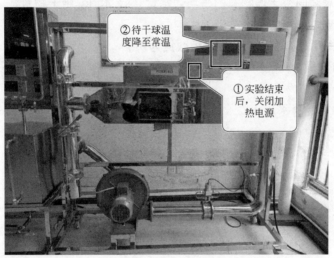

图 5.27 关闭加热电源

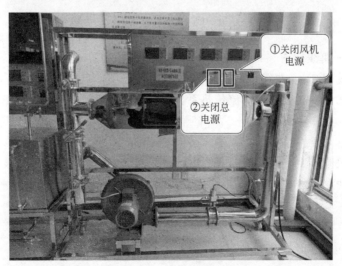

图 5.28 关闭总电源

任务三 数据处理

一、数据处理过程举例

1. 调试实训结果

调试数据见表5.1，本实训涉及的符号意义如下：

S——干燥面积，m^2；
R——空气流量计的读数，kPa；
t——试样放置处的干球温度，℃；
G_D——试样支撑架的质量，g；
G_i——被干燥物料质量，g；
X_i——物料干基含水量，kg水/kg绝干物料；
X_{AV}——两次记录之间被干燥物料的平均含水量，kg水/kg绝干物料；
U——干燥速率，kg水/($m^2 \cdot s$)

G_C——绝干物料量，g；
t_0——干燥器入口空气温度，℃；
t_w——试样放置处的湿球温度，℃；
G_T——被干燥物料和支撑架的总质量，g；
τ——累计的干燥时间，s；

2. 数据计算举例（以表5.1中第1组数据为例）

被干燥物料的质量 G_i

$$G_i = G_T - G_D$$

被干燥物料的干基含水量 X_i

$$X_i = \frac{G_i - G_C}{G_C}$$

$$X_{i+1} = \frac{G_{i+1} - G_C}{G_C}$$

物料平均含水量 X_{AV}

$$X_{AV} = \frac{X_i + X_{i+1}}{2}$$

平均干燥速率

$$U = -\frac{G_C \times 10^{-3}}{S} \times \frac{dX}{d\tau} = -\frac{G_C \times 10^{-3}}{S} \times \frac{X_{i+1} - X_i}{\tau_{i+1} - \tau_i}$$

干燥曲线 X-τ 曲线用 X、τ 数据进行标绘，见图5.29。
干燥速率曲线 U-X_{AV} 曲线用 U、X_{AV} 数据进行标绘，见图5.30。
恒速阶段空气至物料表面的对流传热系数

$$\alpha = \frac{Q}{S \times \Delta t} = \frac{U_C r_{t_w} \times 10^3}{t - t_w}$$

流量计处体积流量 V_{t_0} 用其回归式算出。
由流量公式(5.5)计算

$$V_{t_0} = C_0 \times A_0 \times \sqrt{\frac{2 \times \Delta p}{\rho_{t_0}}}$$

式中 C_0——孔板流量计孔流系数；
A_0——孔的面积，m^2；

Δp——孔板两端压差，kPa；

V_{t_0}——空气入口温度（及流量计处温度）下的体积流量，m³/h；

ρ_{t_0}——空气入口温度（及流量计处温度）下密度，kg/m³。

干燥试样放置处的空气流量

$$V = V_{t_0} \times \frac{273+t}{273+t_0}$$

干燥试样放置处的空气流速

$$u = \frac{V}{3600 \times A}$$

以表5.1实验数据为例进行计算：

$i=1$，$i+1=2$，$G_{T,i}=193.5$g，$G_{T,i+1}=192.5$g，$G_D=121.4$g。

由式（5.1）、式（5.2）得：$G_i=72.1$g，$G_{i+1}=71.1$g，$G_C=26.8$g。

由式（5.3）、式（5.4）得：$X_i=1.6903$kg 水/kg 绝干物料

$X_{i+1}=1.6530$kg 水/kg 绝干物料

由式（5.5）得：$X_{AV}=1.6716$kg 水/kg 绝干物料

$S=2\times0.165\times0.081=0.02673(m^2)$

$\tau_i=0$s，$\tau_{i+1}=180$s

由式（5.6）得：$U=2.078\times10^{-4}$kg 水/(m²·s)

表 5.1　数据记录及整理结果

空气孔板流量计读数 R:1.15kPa　　流量计处的空气温度 t_0:26.5℃　　干球温度 t:60℃
湿球温度 t_w:33.3℃　　框架质量 G_D:121.4g　　绝干物料量 G_C:26.8g
干燥面积 S:0.165×0.081×2=0.02673(m²)　　洞道截面积:0.15×0.2=0.03(m²)

序号	累计时间 τ/min	总质量 G_T/g	干基含水量 X_i/(kg/kg)	平均含水量 X_{AV}/(kg/kg)	干燥速率 $U\times10^{-4}$/[kg/(m²·s)]
1	0	193.5	1.6903	1.6716	2.078
2	3	192.5	1.6530	1.6287	2.702
3	6	191.2	1.6045	1.5802	2.702
4	9	189.9	1.5560	1.5317	2.702
5	12	188.6	1.5075	1.4813	2.910
6	15	187.2	1.4552	1.4272	3.118
7	18	185.7	1.3993	1.3713	3.118
8	21	184.2	1.3433	1.3172	2.910
9	24	182.8	1.2910	1.2649	2.910
10	27	181.4	1.2388	1.2108	3.118
11	30	179.9	1.1828	1.1604	2.494
12	33	178.7	1.1381	1.1138	2.702

续表

序号	累计时间 τ/min	总质量 G_T/g	干基含水量 X_i/(kg/kg)	平均含水量 X_{AV}/(kg/kg)	干燥速率 $U \times 10^{-4}$/[kg/(m²·s)]
13	36	177.4	1.0896	1.0653	2.702
14	39	176.1	1.0410	1.0168	2.702
15	42	174.8	0.9925	0.9683	2.702
16	45	173.5	0.9440	0.9198	2.702
17	48	172.2	0.8955	0.8451	5.612
18	51	169.5	0.7948	0.7687	2.910
19	54	168.1	0.7425	0.7183	2.702
20	57	166.8	0.6940	0.6735	2.286
21	60	165.7	0.6530	0.6325	2.286
22	63	164.6	0.6119	0.5896	2.494
23	66	163.4	0.5672	0.5448	2.494
24	69	162.2	0.5224	0.4832	4.365
25	72	160.1	0.4440	0.4235	2.286
26	75	159.0	0.4030	0.3843	2.078
27	78	158.0	0.3657	0.3507	1.663
28	81	157.2	0.3358	0.3209	1.663
29	84	156.4	0.3060	0.2948	1.247
30	87	155.8	0.2836	0.2724	1.247
31	90	155.2	0.2612	0.2500	1.247
32	93	154.6	0.2388	0.2276	1.247
33	96	154.0	0.2164	0.2052	1.247
34	99	153.4	0.1940	0.1847	1.039
35	102	152.9	0.1754	0.1660	1.039
36	105	152.4	0.1567	0.1474	1.039
37	108	151.9	0.1381	0.1287	1.039
38	111	151.4	0.1194	0.1101	1.039
39	114	150.9	0.1007	0.0914	1.039
40	117	150.4	0.0821	0.0765	0.624
41	120	150.1	0.0709	0.0653	0.624
42	123	149.8	0.0597	0.0541	0.624
43	126	149.5	0.0485	0.0410	0.831
44	129	149.1	0.0336	0.0261	0.831
45	132	148.7	0.0187	0.0131	0.624
46	135	148.4	0.0075	0.0037	0.416
47	138	148.2	0.0000	0.0000	0.000

将表格 5.1 中存在较大偏差的数据舍弃，数据处理后得到实验装置干燥曲线及干燥速率曲线，如图 5.29 和图 5.30 所示。

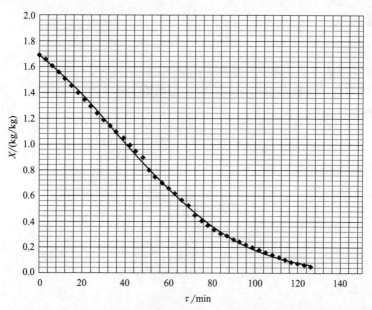

图 5.29　实训装置干燥曲线 X-τ（斜率代表干燥速率）

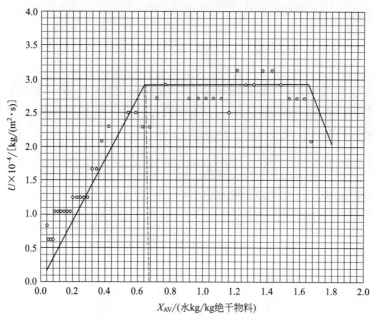

图 5.30　实训装置干燥速率曲线 U-X_{AV}

从图中可以得出：
恒速干燥速率 $U_C = 2.85 \times 10^{-4} \text{kg}/(\text{m}^2 \cdot \text{s})$
临界含水量 $X_C = 0.60 \text{kg}$ 水/kg 绝干物料
水在 33.3℃时的汽化热 $r_{t_w} = 2430 \text{kJ/kg}$

模块五　洞道干燥实训 | 143

$$\alpha = \frac{U_C r_{t_w}}{t - t_w} = \frac{2.85 \times 10^{-4} \times 2430}{60 - 33.3} = 28.8 [\text{W}/(\text{m}^3 \cdot \text{K})]$$

二、数据处理结果

1. 调试实训结果

调试实训数据见表 5.2，表中符号意义同前文。

2. 数据计算举例（以表 5.2 中第_____组数据为例）

被干燥物料的质量 G_i：

$$G_i = G_T - G_D$$

被干燥物料的干基含水量 X_i：

$$X_i = \frac{G_i - G_C}{G_C}$$

$$X_{i+1} = \frac{G_{i+1} - G_C}{G_C}$$

物料平均含水量 X_{AV}

$$X_{AV} = \frac{X_i + X_{i+1}}{2}$$

平均干燥速率

$$U = -\frac{G_C \times 10^{-3}}{S} \times \frac{dX}{d\tau} = -\frac{G_C \times 10^{-3}}{S} \times \frac{X_{i+1} - X_i}{\tau_{i+1} - \tau_i}$$

干燥曲线 $X\text{-}\tau$ 曲线用 X、τ 数据进行标绘，贴于图 5.31 所示的方框中。
干燥速率曲线 $U\text{-}X_{AV}$ 曲线用 U、X_{AV} 数据进行标绘，贴于图 5.32 所示的方框中。
恒速阶段空气至物料表面的对流传热系数

$$\alpha = \frac{Q}{S \times \Delta t} = \frac{U_C r_{t_w} \times 10^3}{t - t_w}$$

流量计处体积流量 V_{t_0} 用其回归式算出。
由流量公式(5.5) 计算

$$V_{t_0} = C_0 \times A_0 \times \sqrt{\frac{2 \times \Delta p}{\rho_{t_0}}}$$

式中 C_0——孔板流量计孔流系数；
  A_0——孔的面积，m^2；
  Δp——孔板两端压差，kPa；
  V_{t_0}——空气入口温度（及流量计处温度）下的体积流量，m^3/h；
  ρ_{t_0}——空气入口温度（及流量计处温度）下密度，kg/m^3。

干燥试样放置处的空气流量

$$V = V_{t_0} \times \frac{273 + t}{273 + t_0}$$

干燥试样放置处的空气流速

$$u = \frac{V}{3600 \times A}$$

以表 5.2 实验数据为例进行计算：

$i = $ _____ ；$i+1 = $ _____ ；$G_{T,i} = $ _____ g；$G_{T,i+1} = $ _____ g；$G_D = $ _____ g。

由式(5.1)、式(5.2) 得：$G_i = $ _____ g；$G_{i+1} = $ _____ g；$G_C = $ _____ g。

由式(5.3)、式(5.4) 得：$X_i = $ _____ kg 水/kg 绝干物料

$X_{i+1} = $ _____ kg 水/kg 绝干物料

由式(5.5) 得：$X_{AV} = $ _____ kg 水/kg 绝干物料

$S = 2 \times 0.165 \times 0.081 = 0.02673 \text{m}^2$

$\tau_i = $ _____ s，$\tau_{i+1} = $ _____ s

由式(5.6) 得：$U = $ _____ kg 水/(m² · s)

表 5.2 实训数据记录及整理结果空白表

空气孔板流量计读数 R：_____ kPa　　流量计处的空气温度 t_0：_____ ℃　　干球温度 t：_____ ℃
湿球温度 t_w：_____ ℃　　框架质量 G_D：_____ g　　绝干物料量 G_C：_____ g
干燥面积 S：$0.165 \times 0.081 \times 2 = 0.02673(\text{m}^2)$　　洞道截面积：$0.15 \times 0.2 = 0.03(\text{m}^2)$

序号	累计时间 τ/min	总质量 G_T/g	干基含水量 X_i/(kg/kg)	平均含水量 X_{AV}/(kg/kg)	干燥速率 $U \times 10^{-4}$/[kg/(m²·s)]
1					
2					
3					
4					
5					
6					
7					
8					
9					
10					
11					
12					
13					
14					
15					
16					
17					

续表

序号	累计时间 τ/min	总质量 G_T/g	干基含水量 X_i/(kg/kg)	平均含水量 X_{AV}/(kg/kg)	干燥速率 $U\times 10^{-4}/[kg/(m^2 \cdot s)]$
18					
19					
20					
21					
22					
23					
24					
25					
26					
27					
28					
29					
30					
31					
32					
33					
34					
35					
36					
37					
38					
39					
40					
41					
42					
43					
44					
45					
46					
47					

从图中可以得出：

恒速干燥速率 $U_C=$ _____ kg/(m² · s)

临界含水量 $X_C =$ _____ kg/kg

水在33.3℃时的汽化热 $r_{t_w} = 2430$ kJ/kg

$$\alpha = \frac{U_c r_{t_w}}{t - t_w} = \underline{\qquad\qquad} \text{W/(m}^2 \cdot \text{℃)}$$

干燥曲线粘贴处

图 5.31　实训装置干燥曲线 $X\text{-}\tau$

干燥速率曲线 $U\text{-}X_{AV}$ 粘贴处

图 5.32　实训装置干燥速率曲线 $U\text{-}X_{AV}$

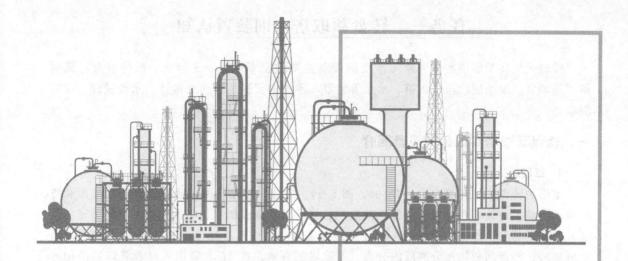

模块六

转盘萃取塔实训

萃取，又称溶剂萃取或液液萃取，是利用系统中组分在溶剂中有不同的溶解度来分离混合物的单元操作。即利用物质在两种互不相溶（或微溶）的溶剂中溶解度或分配系数的不同，使溶质物质从一种溶剂内转移到另外一种溶剂中的方法。

本实训装置是用水来萃取煤油溶液中的苯甲酸的实验装置，本实训装置在筛板的中心连接一中心轴，轴在电机的转动下，带动有圆孔的筛板做上下往复运动。在萃取操作进行时，由于筛板在轴的带动下做上下往复运动，原溶剂被分散成体积较小，表面积较大的球状体，增大了原溶剂与萃取剂的接触面积，有利于提高萃取效率，筛板运动的次数不同，萃取塔的萃取效率不同。

任务一　转盘萃取塔实训装置认知

转盘式旋转萃取塔实训装置所涉及的设备主要包括萃取塔、π形管、搅拌装置、煤油箱、煤油泵、煤油回收箱、水箱、水泵等装置，涉及的仪表是煤油流量计、水流量计、煤油测温点。

一、转盘萃取塔实训装置设备简介

1. 萃取塔

本塔为转盘式旋转萃取塔（T-601，图6.1），塔身采用硬质硼硅酸盐玻璃管，塔顶和塔底玻璃管端扩口处，通过增强酚醛压塑法兰、橡皮圈、橡胶垫片与不锈钢法兰联结，密封性能好。塔下部和上部轻重两相的入口管分别在塔内向上或向下延伸约200mm，分别形成两个分离段，轻重两相将在分离段内分离。萃取塔的有效高度 H 为轻相入口管管口到两相界面之间的距离。

图6.1　萃取塔

2. 搅拌装置

为了使煤油相和水相均匀接触，该装置上设有搅拌装置（图6.2），萃取塔内设有环形隔板，将塔身分为15段，每段中部位置设有在同轴上安装的由3片转盘组成的搅动装置。搅拌转动轴底端装有轴承，顶端经轴承穿出塔外与安装在塔顶上的电机主轴相连。电动机为直流电动机，通过调压变压器改变电机电枢电压的方法作无级变速。操作时的转速控制由指示仪表给出相应的电压值来控制。

3. π形管

π形管（图6.3）高度可以调节，从塔顶进入的重相水经过与塔底进来的轻相含苯甲酸的煤油逆向接触，在转盘等搅动装置的搅动下萃取煤油中的苯甲酸，富含苯甲酸的重相水在

图 6.2　电机、转盘、轴承

重力作用下至底部经 π 形管排除。这里的 π 形管起两个作用,一是作为管路将富含苯甲酸的水相输送至装置外,另一是起液封调节塔内液面的作用。

图 6.3　π 形管

4. 煤油箱

含苯甲酸的新鲜煤油盛装于煤油箱（V-601,图 6.4）内,苯甲酸在煤油中的浓度应保持在 0.0015～0.0020kg 苯甲酸/kg 煤油之间。

5. 煤油回收箱

与水进行充分接触后的煤油,苯甲酸被萃取进入水相,含有少量剩余苯甲酸的煤油相要进行循环利用从塔顶经管线进入煤油回收箱（V-602,图 6.5）暂存。

图 6.4 煤油箱

图 6.5 煤油回收箱

6. 煤油泵

煤油泵（P-601，图 6.6）用于将新鲜煤油输送至萃取塔内，另外，煤油泵用于将煤油从煤油循环箱输送至煤油箱，也用于煤油的混合。

7. 水箱

水箱（V-603，图 6.7）用于储存不含苯甲酸的新鲜水。

图 6.6 煤油泵

图 6.7 水箱

8. 水泵

水泵（P-602，图 6.8）用于将新鲜不含苯甲酸的水输送至萃取塔塔顶，将水作为萃取剂来使用。

二、转盘萃取塔实训装置阀门简介

转盘萃取塔实训装置中的阀门包括闸阀和球阀两种，阀门在设备中的分布如图 6.9 所示。

图 6.8 水泵

图 6.9 阀门

V1—重相水排出阀；V2—萃取塔底排净阀；V3—轻相煤油回收回流阀；V4—轻相煤油回流阀；V6—轻相泵出口阀；V7—轻相泵入口阀；V8—重相泵出口阀；V9—重相水回流阀；V10—重相泵入口阀；V11—重相水排净阀；V12—回收煤油循环阀；V13—轻相煤油排净阀

三、转盘萃取塔实训装置仪表简介

转盘萃取塔实训装置中涉及的仪表有煤油流量计、水流量计和温度检测仪表。各仪表在装置和控制面板上的分布如图 6.10 和图 6.11 所示。

图 6.10 仪表分布

F-601—煤油流量计；F-602—水流量计；T-601—煤油测温点

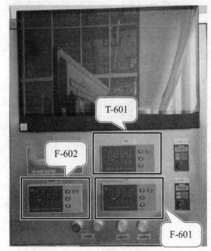

图 6.11 数控仪表控制面板

F-601—煤油流量计；F-602—水流量计；T-601—煤油测温点

四、转盘萃取塔实训装置流程简介

本实训以水为萃取剂，从煤油中萃取苯甲酸。水相为萃取相（用字母 E 表示，本实训又称连续相、重相）。煤油相为萃余相（用字母 R 表示，本实训中又称分散相、轻相）。轻相入口处，苯甲酸在煤油中的浓度应保持在 0.0015~0.0020kg 苯甲酸/kg 煤油之间为宜。轻相由塔底进入，作为分散相向上流动，经塔顶分离段分离后由塔顶流出；重相由塔顶进入作为连续相向下流动至塔底经 π 形管流出；轻重两相在塔内呈逆向流动。在萃取过程中，苯甲酸部分地从萃余相转移至萃取相。萃取相及萃余相进出口浓度由滴定分析法测定。考虑水与煤油是完全不互溶的,且苯甲酸在两相中的浓度都很低,可认为在萃取过程中两相液体的体积流量不发生变化。

实训装置流程图如图 6.12 所示。

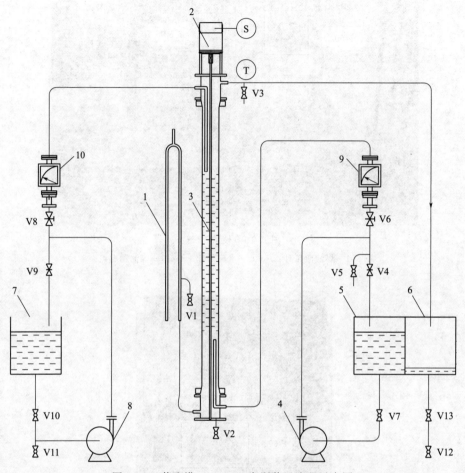

图 6.12 萃取塔（T-601）实训装置流程示意图
1—π形管；2—电机；3—T-601 萃取塔；4—P-601 煤油泵；5—V-601 煤油箱；6—V-602 煤油回收箱；7—V-603 水箱；8—P-602 水泵；9—F-601 煤油流量计；10—F-602 水流量计

任务二 转盘萃取塔实训

一、转盘萃取塔实训目的

（1）直观展示转盘萃取塔的基本结构以及实现萃取操作的基本流程；观察萃取塔内转盘在不同转速下，分散相液滴的变化情况和流动状态。

（2）练习并掌握转盘萃取塔性能的测定方法。

二、转盘萃取塔实训内容

（1）固定两相流量，测定转盘不同转速下萃取塔的传质单元数 N_{OH}、传质单元高度

H_{OH} 及总传质单元系数 K_{YE}。

（2）通过实际操作练习，探索强化萃取塔传质效率的方法。

（3）测定每米萃取高度的传质单元数 N_{OR}、传质单元高度 H_{OR} 和萃取率 η，测定不同的萃取液流量对萃取效率的影响，测定不同的转速对萃取效率的影响。

三、转盘萃取塔实训原理

对于液体混合物的分离，除可采用蒸馏方法外，还可采用萃取方法。即在液体混合物（原料液）中加入一种与其基本不相混溶的液体作为溶剂，利用原料液中的各组分在溶剂中溶解度的差异来分离液体混合物。此即液-液萃取，简称萃取。选用的溶剂称为萃取剂，以字母 S 表示，原料液中易溶于 S 的组分称为溶质，以字母 A 表示，原料液中难溶于 S 的组分称为原溶剂或稀释剂，以字母 B 表示。

本实训操作中，以水为萃取剂，从煤油中萃取苯甲酸。萃取操作一般是将一定量的萃取剂和原料液同时加入萃取器中，在外力作用下充分混合，溶质通过相界面由原料液向萃取剂中扩散。两液相由于密度差而分层。一层以萃取剂 S 为主，溶有较多溶质，称为萃取相，用字母 E 表示，另一层以原溶剂 B 为主，且含有未被萃取完的溶质，称为萃余相，以 R 表示。萃取操作并未把原料液全部分离，而是将原来的液体混合物分为具有不同溶质组成的萃取相 E 和萃余相 R。通常萃取过程中一个液相为连续相，另一个液相以液滴的形式分散在连续的液相中，称为分散相。液滴表面积即为两相接触的传质面积。

四、转盘萃取塔实训方法及步骤

实训步骤主要包括实训前的准备工作、正常实训操作等步骤。

1. 实训前的准备工作

将水箱（V-603）加水至 2/3 处，将配置好 2%苯甲酸的煤油混合物加入到油箱（V-601），所有阀门处于关闭状态（图 6.13 和图 6.14）。

转盘萃取塔实训装置开车准备操作

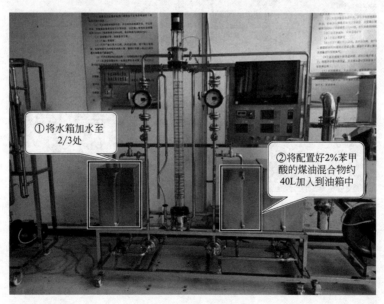

图 6.13　添加原料

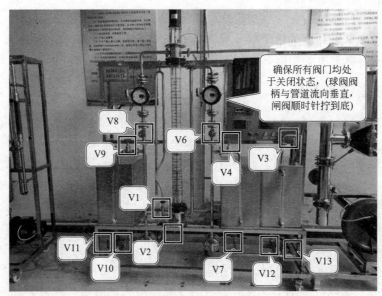

图 6.14 检查阀门状态

2. 正常实训操作步骤

转盘萃取塔实训装置开车操作

（1）先全开轻相泵入口阀 V7，启动轻相煤油泵（P-601），将轻相煤油回流阀 V4 缓慢打开，使苯甲酸煤油溶液混合均匀。全开重相泵入口阀 V10，启动重相水泵（P-601）将重相水回流阀 V9 缓慢打开使其循环流动（图 6.15 和图 6.16）。

（2）调节水相转子流量计 F-602，将重相（连续相、水）送入塔内。当塔内水面快上升到重相入口与轻相出口间中点时，将水流量调至指定值（12L/h），并缓慢

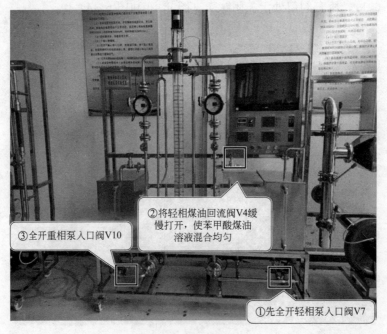

图 6.15 启动轻相泵

图 6.16 启动重相泵

改变 π 形管高度使塔内液位稳定在重相入口与轻相出口之间中点左右的位置上 (图 6.17 和图 6.18)。

图 6.17 调节油水界面 (1)

(3) 将调速装置的旋钮调至零位接通电源，开动电机固定转速 300r/min。调速时要缓

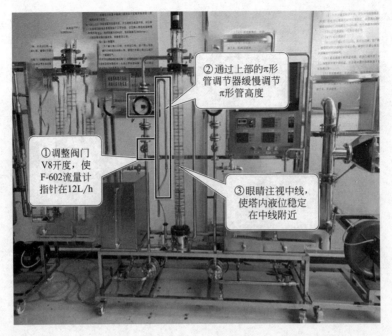

图 6.18 调节油水界面（2）

慢升速（图 6.19 和图 6.20）。

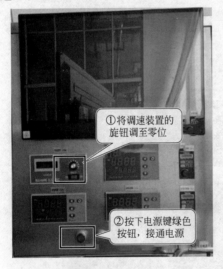

图 6.19 接通电源

图 6.20 调节电动机转速

（4）将轻相（分散相、煤油）F-601 流量调至指定值（18L/h），并注意及时调节 π 形管高度。在实训过程中，始终保持塔顶分离段两相的相界面即油水分界面位于重相入口与轻相出口之间的中点左右（图 6.21）。

（5）操作过程中，要绝对避免塔顶的两相界面过高或过低（图 6.22）。若两相界面过高，到达轻相出口的高度，则将会导致重相混入轻相储罐。

（6）维持操作稳定 0.5h 后，用锥形瓶收集轻相进、出口样品各约 50mL，重相出口样

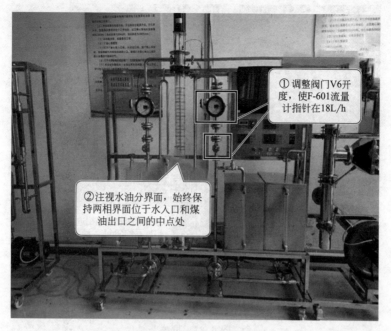

图 6.21　调整油水界面

图 6.22　保持油水界面稳定

品约 100mL，供分析浓度使用（图 6.23）。

（7）取样后，改变转盘转速，其他条件维持不变，进行第二个实训点的测试（图 6.24）。

（8）用容量滴定法分析样品浓度。具体方法：用移液管分别取煤油相 10mL，水相 25mL 样品，以酚酞做指示剂，用 0.01mol/L 左右 NaOH 标准液滴定样品中的苯甲酸。在滴定煤油相时应在样品中加 10mL 纯净水，滴定中激烈摇动至终点。

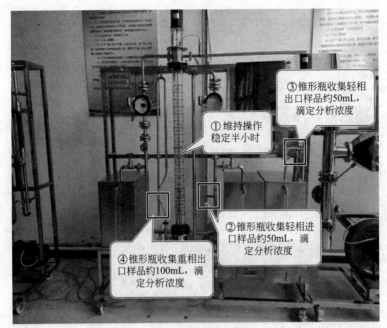

图6.23 取样

图6.24 改变转速

转盘萃取塔实训
装置停车操作

(9) 实训完毕后,关闭两相流量计。将调速器调至零位,使搅拌轴停止转动,切断电源。滴定分析过的煤油应集中存放回收。洗净分析仪器,一切复原,注意保持实训台面整洁(图6.25~图6.28)。

图 6.25　关闭油相、水相流量计

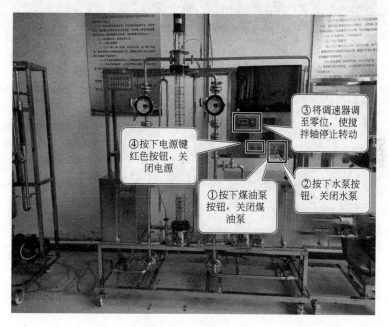

图 6.26　关闭电源

五、转盘萃取塔实训操作注意事项

（1）调节转盘转速时一定要小心谨慎，慢慢升速，千万不能增速过猛使马达产生"飞转"损坏设备或发生乳化。最高转速机械上可达 800r/min。从流体力学性能考虑，若转速太高，容易液泛，操作不稳定。对于煤油-水-苯甲酸物系，建议在 500r/min 以下操作。

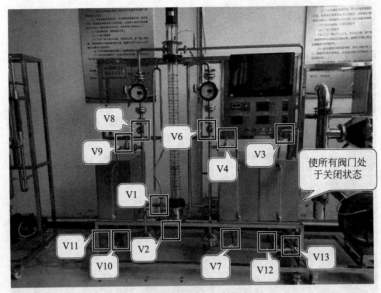

图 6.27　关闭所有阀门

图 6.28　保持实训台面整洁

（2）整个实训过程中，塔顶两相界面一定要控制在轻相出口和重相入口之间适中位置并保持不变。

（3）由于分散相和连续相在塔顶、塔底滞留量很大，改变操作条件后，稳定时间一定要足够长（约 0.5h），否则误差会比较大。

（4）煤油的实际体积流量并不等于流量计指示的读数。需要用到煤油的实际流量数值时，必须用流量修正公式对流量计的读数进行修正后数据才准确。

（5）煤油流量不要太小或太大，太小会导致煤油出口的苯甲酸浓度过低，从而导致分析误差加大；太大会使煤油消耗量增加，经济上造成浪费。建议流量控制在 4L/h 为宜。

任务三 数据处理

一、数据处理过程举例

萃取流程示意如图 6.29 所示，萃取相传质单元数 N_{OE} 的计算公式为

$$N_{OE}=\int_{Y_{Et}}^{Y_{Eb}}\frac{\mathrm{d}Y_E}{(Y_E^*-Y_E)}$$

式中　Y_{Et}——苯甲酸进入塔顶的萃取相质量比组成，kg 苯甲酸/kg 水，本实训中 $Y_{Et}=0$；

Y_{Eb}——苯甲酸离开塔底萃取相质量比组成，kg 苯甲酸/kg 水；

Y_E——苯甲酸在塔内某一高度处萃取相质量比组成，kg 苯甲酸/kg 水；

Y_E^*——与苯甲酸在塔内某一高度处萃余相组成 X_R 成平衡的萃取相中的质量比组成，kg 苯甲酸/kg 水。

利用 Y_E-X_R 图上的分配曲线（平衡曲线）与操作线，可求得 $\frac{1}{(Y_E^*-Y_E)}$-Y_E 关系，再进行图解积分，可求得 N_{OE}。对于水-煤油-苯甲酸物系，Y_{Et}-X_R 图上分配曲线可按实训测绘。

1. 计算传质单元数 N_{OE}

通过图解积分法求得，以转盘 400r/min 为例。

塔底轻相入口浓度 X_{Rb}

$$X_{Rb}=\frac{V_{NaOH}\times c_{NaOH}\times M_{苯甲酸}}{10\times 800}=\frac{10.6\times 0.01076\times 122}{10\times 800}=0.00174(\text{kg 苯甲酸/kg 煤油})$$

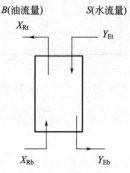

图 6.29　萃取流程示意

（S 为水流量；B 为油流量；Y 为水浓度；X 为油浓度；下标 E 为萃取相；下标 t 为塔顶；下标 R 为萃余相；下标 b 为塔底）

塔顶轻相出口浓度 X_{Rt}

$$X_{Rt}=\frac{V_{NaOH}\times c_{NaOH}\times M_{苯甲酸}}{10\times 800}=\frac{5.0\times 0.01076\times 122}{10\times 800}=0.00082(\text{kg 苯甲酸/kg 煤油})$$

塔顶重相入口浓度 Y_{Et}：本实训中使用自来水，故视 $Y_{Et}=0$。

塔底重相出口浓度 Y_{Eb}：

$$Y_{Eb} = \frac{V_{NaOH} \times c_{NaOH} \times M_{苯甲酸}}{25 \times 1000} = \frac{19.1 \times 0.01076 \times 122}{25 \times 1000} = 0.001 (\text{kg 苯甲酸/kg 水})$$

在绘有平衡曲线 Y_E-X_R 的图上绘制操作线，因为操作线通过以下两点：

轻入　　　　　　　　$X_{Rb}=0.00174$ kg 苯甲酸/kg 煤油

重出　　　　　　　　$Y_{Eb}=0.001$ kg 苯甲酸/kg 水

轻出　　　　　　　　$X_{Rt}=0.00082$ kg 苯甲酸/kg 煤油

重入　　　　　　　　$Y_{Et}=0$

在 Y_E-X_R 图上找出以上两点，联结两点即为操作线。在 $Y_E=Y_{ET}=0$ 至 $Y_E=Y_{Eb}=0.001$ 之间，任取一系列 Y_E 值，可在操作线上对应找出一系列的 X_R 值，再在平衡曲线上对应找出一系列的 Y_E^* 值，代入公式计算出一系列的 $\frac{1}{Y_E^*-Y_E}$ 值。如表 6.1 所示。

表 6.1　实训数据表

Y_E	X_R	Y_E^*	$\dfrac{1}{Y_E^*-Y_E}$
0	0.00082	0.000755	1324
0.0001	0.00091	0.00081	1408
0.0002	0.00100	0.000862	1511
0.0003	0.00110	0.00091	1639
0.0004	0.00119	0.00096	1786
0.0005	0.00128	0.000995	2020
0.0006	0.00137	0.00103	2325
0.0007	0.00146	0.00107	2703
0.0008	0.00156	0.00110	3333
0.0009	0.00165	0.00113	4348
0.001	0.00174	0.00116	6250

在直角坐标纸上，以 Y_E 为横坐标，$\dfrac{1}{Y_E^*-Y_E}$ 为纵坐标，将表 6.1 中的 Y_E 与 $\dfrac{1}{Y_E^*-Y_E}$ 一系列对应值标绘成曲线。在 $Y_E=0$ 至 $Y_E=0.001$ 之间的曲线以下的面积即为按萃取相。

计算的传质单元数 [见图解积分图（图 6.30）]：

$$N_{OE} = \int_{Y_{Et}}^{Y_{Eb}} \frac{dY_E}{(Y_E^*-Y_E)} = 2.46$$

2. 按萃取相计算的传质单元高度 H_{OE}

$$H_{OE} = \frac{H}{N_{OE}} = \frac{0.75}{2.46} = 0.31 (\text{m})$$

0.75m 指塔釜轻相入口管到塔顶两相界面之间的距离。

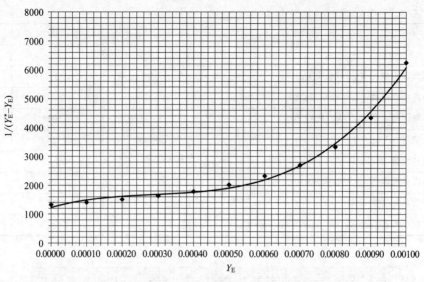

图 6.30　图解积分图

3. 按萃取相计算的体积总传质系数

$$K_{YE}a = \frac{S}{H_{OE} \times A} = \frac{4}{0.31 \times \left(\frac{\pi}{4}\right) \times 0.060^2}$$

$$= 12007 \text{kg 苯甲酸}/[\text{m}^3 \cdot \text{h} \cdot (\text{kg 苯甲酸/kg 水})]$$

式中　S——萃取相中纯溶剂的流量，kg 水/h；

　　　A——萃取塔截面积，m^2；

　　　$K_{YE}a$——按萃取相计算的体积总传质系数，kg 苯甲酸/$[\text{m}^3 \cdot \text{h} \cdot (\text{kg 苯甲酸/kg 水})]$

相关数据见表 6.2 和图 6.31。

表 6.2　萃取塔（T-601）性能测定数据

塔型：转盘式萃取塔　　萃取塔内径：60mm　　萃取塔有效高度：1.0m
溶质 A：苯甲酸　　　　稀释剂 B：煤油　　　　萃取剂 S：水　　　　塔内温度 $t=15$℃
连续相：水　　　　　　分散相：煤油　　　　　流量计转子密度 $\rho_f = 7900\text{kg/m}^3$
轻相密度：800kg/m³　　重相密度：1000kg/m³

项目			实训序号	
			1	2
转盘转速/(r/min)			300	400
水转子流量计读数/(L/h)			12	12
煤油转子流量计读数/(L/h)			18	18
NaOH 溶液浓度/(mol/L)			0.01076	0.01076
浓度分析	塔底轻相 X_{Rb}	样品体积/mL	10	10
		NaOH 溶液用量/mL	10.6	10.6
	塔顶轻相 X_{Rt}	样品体积/mL	10	10
		NaOH 溶液用量/mL	7.5	5.0
	塔底重相 Y_{Bb}	样品体积/mL	25	25
		NaOH 溶液用量/mL	7.9	19.1

续表

项目		实训序号	
		1	2
计算及实验结果	塔底轻相浓度 $X_{Rb}/(\text{kg A/kg B})$	0.00174	0.00174
	塔顶轻相浓度 $X_{Rt}/(\text{kg A/kg B})$	0.00123	0.00082
	塔底重相浓度 $Y_{Bb}/(\text{kg A/kg B})$	0.000414	0.001
	水流量 $S/(\text{kg S/h})$	12	12
	煤油流量 $B/(\text{kg B/h})$	16.5	16.5
	传质单元数 N_{OE}（图解积分）	0.49	2.46
	传质单元高度 H_{OE}	1.53	0.31
	体积总传质系数 $K_{YE}a/\{\text{kg A}/[\text{m}^3 \cdot \text{h} \cdot (\text{kg A/kg S})]\}$	2433	12007

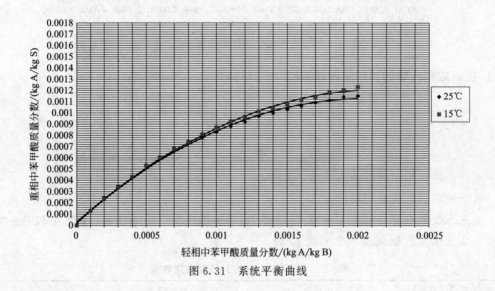

图 6.31 系统平衡曲线

二、数据处理过程及结果

萃取相传质单元数 N_{OE} 的计算公式为

$$N_{OE} = \int_{Y_{Et}}^{Y_{Eb}} \frac{dY_E}{(Y_E^* - Y_E)}$$

式中 Y_{Et}——苯甲酸进入塔顶的萃取相质量比组成，kg 苯甲酸/kg 水，本实训中 $Y_{Et}=0$；

Y_{Eb}——苯甲酸离开塔底萃取相质量比组成，kg 苯甲酸/kg 水；

Y_E——苯甲酸在塔内某一高度处萃取相质量比组成，kg 苯甲酸/kg 水；

Y_E^*——与苯甲酸在塔内某一高度处萃余相组成 X_R 成平衡的萃取相中的质量比组成，kg 苯甲酸/kg 水。

利用 $Y_E - X_R$ 图上的分配曲线（平衡曲线）与操作线，可求得 $\dfrac{1}{(Y_E^* - Y_E)} - Y_E$ 关系，再进行图解积分，可求得 N_{OE}。对于水-煤油-苯甲酸物系，$Y_{Et} - X_R$ 图上分配曲线可按实训测绘。

1. 传质单元数 N_{OE}

通过图解积分法求得,以转盘_____ r/min 为例。

塔底轻相入口浓度 X_{Rb}

$$X_{Rb}=\frac{V_{NaOH} \times c_{NaOH} \times M_{苯甲酸}}{10 \times 800}=\text{_____} \text{ kg 苯甲酸/kg 煤油}$$

塔顶轻相出口浓度 X_{Rt}

$$X_{Rt}=\frac{V_{NaOH} \times c_{NaOH} \times M_{苯甲酸}}{10 \times 800}=\text{_____} \text{ kg 苯甲酸/kg 煤油}$$

塔顶重相入口浓度 Y_{Et}:本实训中使用自来水,故视 $Y_{Et}=0$。

塔底重相出口浓度 Y_{Eb}

$$Y_{Eb}=\frac{V_{NaOH} \times c_{NaOH} \times M_{苯甲酸}}{25 \times 1000}=\text{_____} \text{ kg 苯甲酸/kg 煤油}$$

在绘有平衡曲线 $Y_E - X_R$ 的图上绘制操作线,因为操作线通过以下两点:

轻入　　　　　　　$X_{Rb}=$ _____ kg 苯甲酸/kg 煤油
重出　　　　　　　$Y_{Eb}=$ _____ kg 苯甲酸/kg 水
轻出　　　　　　　$X_{Rt}=$ _____ kg 苯甲酸/kg 煤油
重入　　　　　　　$Y_{Et}=0$

在 $Y_E - X_R$ 图上找出以上两点,联结两点即为操作线。在 $Y_E = Y_{Et} = 0$ 至 $Y_E = Y_{Eb} =$ _____ 之间,任取一系列 Y_E 值,可在操作线上对应找出一系列的 X_R 值,再在平衡曲线上对应找出一系列的 Y_E^* 值,代入公式计算出一系列的 $\frac{1}{Y_E^* - Y_E}$ 值。如表 6.3 所示。

表 6.3　实训数据空白表

Y_E	X_R	Y_E^*	$\frac{1}{Y_E^* - Y_E}$

在直角坐标纸上，以 Y_E 为横坐标，$\dfrac{1}{Y_E^* - Y_E}$ 为纵坐标，将上表中的 Y_E 与 $\dfrac{1}{Y_E^* - Y_E}$ 一系列对应值标绘成曲线。在 $Y_E = 0$ 至 $Y_E = 0.001$ 之间的曲线以下的面积即为按萃取相计算的传质单元数。

$$N_{OE} = \int_{Y_{Et}}^{Y_{Eb}} \dfrac{dY_E}{(Y_E^* - Y_E)} = \underline{\qquad} \text{［图解积分图贴于图 6.32 中］}$$

图 6.32　图解积分图

2. 按萃取相计算的传质单元高度 H_{OE}

$$H_{OE} = \dfrac{H}{N_{OE}} = \underline{\qquad} / \underline{\qquad} = \underline{\qquad} \text{ m}$$

3. 按萃取相计算的体积总传质系数

$$K_{YE}a = \dfrac{S}{H_{OE} \times A} = \underline{\qquad} \text{ kg 苯甲酸}/[\text{m}^3 \cdot \text{h} \cdot (\text{kg 苯甲酸/kg 水})]$$

萃取塔（T-601）性能测定数据记录表见表 6.4。

表 6.4　萃取塔（T-601）性能测定数据记录表

塔型:转盘式萃取塔	萃取塔内径:60mm	萃取塔有效高度:1.0m	
溶质 A:苯甲酸	稀释剂 B:煤油	萃取剂 S:水	塔内温度 $t = \underline{\qquad}$ ℃
连续相:水	分散相:煤油	流量计转子密度 $\rho_f = 7900 \text{kg/m}^3$	
轻相密度:800kg/m³	重相密度:1000kg/m³		

项目	实训序号	
	1	2
转盘转速/(r/min)		
水转子流量计读数/(L/h)		
煤油转子流量计读数/(L/h)		

续表

项目			实训序号	
			1	2
浓度分析	NaOH 溶液浓度/(mol/L)			
	塔底轻相 X_{Rb}	样品体积/mL		
		NaOH 溶液用量/mL		
	塔顶轻相 X_{Rt}	样品体积/mL		
		NaOH 溶液用量/mL		
	塔底重相 Y_{Bb}	样品体积/mL		
		NaOH 溶液用量/mL		
计算及实验结果	塔底轻相浓度 X_{Rb}/(kg A/kg B)			
	塔顶轻相浓度 X_{Rt}/(kg A/kg B)			
	塔底重相浓度 Y_{Bb}/(kg A/kg B)			
	水流量 S/(kg S/h)			
	煤油流量 B/(kg B/h)			
	传质单元数 N_{OE}(图解积分)			
	传质单元高度 H_{OE}			
	体积总传质系数 $K_{YE}a$/{kg A/[m^3·h·(kg A/kg S)]}			

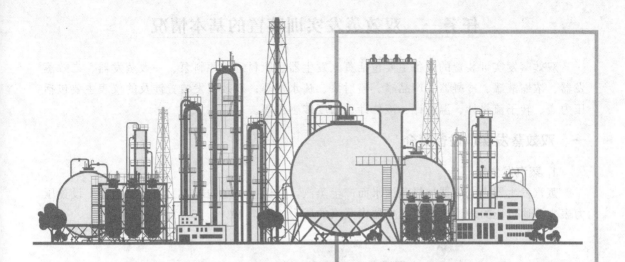

模块七

双效蒸发实训

将含非挥发性物质的稀溶液加热沸腾使部分溶剂汽化并使溶液得到浓缩的过程称为蒸发，它是化工、轻工、食品、医药等工业中常用的一个单元操作。将加热蒸汽通入一蒸发器，溶液受热而沸腾，为了节约能耗，在双效蒸发中，可将二次蒸汽当作加热蒸汽，引入另一个蒸发器，只要后者蒸发室压力和溶液沸点均较原来蒸发器中的低，则引入的二次蒸汽即能起加热热源的作用。依据二次蒸汽和溶液的流向，多效蒸发的流程可分为并流流程、逆流流程、错流流程。

本装置是并流双效蒸发装置。

任务一 双效蒸发实训装置的基本情况

双效蒸发实训装置的设备主要包括蒸汽发生器、原料罐、原料泵、一效蒸发器、二效蒸发器、浓缩液罐、冷凝器、产品罐、喷射泵、疏水器等；双效蒸发装置涉及的仪表主要包括压力表、转子流量计、温度计、液位计、浓度传感器等。

一、双效蒸发实训设备简介

1. 蒸汽发生器

蒸汽发生器内电热器加热蒸馏水而产生蒸汽，并保持一定的压力。蒸汽发生器上设置压力表，可通过压力表读出蒸汽发生器内蒸汽的压力（图7.1）。

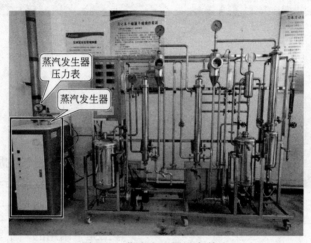

图7.1　蒸汽发生器设备简介

2. 原料罐

原料罐（图7.2）用于储存需要蒸发处理的原料。原料罐上有玻璃液位计，可以读取原料罐的液位。

图7.2　原料罐设备简介

3. 原料泵

原料由原料泵（图 7.3）将物料从原料罐通过转子流量计注入蒸发器中。

图 7.3　原料泵设备简介

4. 一效蒸发器

一效蒸发器（图 7.4）由加热室和蒸发室组成。加热室位于蒸发器的下部，由许多加热管组成，管外的加热蒸汽使管内的溶液加热升温沸腾汽化。蒸发器的上部为蒸发室，汽化产生的蒸汽在此空间和夹带的液沫分离，气相进入二效蒸发器内，液相经蒸发室底部管路作为二效蒸发的进料进入二效蒸发器内。

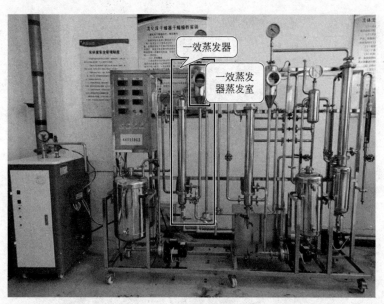

图 7.4　一效蒸发器设备简介

5. 二效蒸发器

二效蒸发器（图7.5）由加热室和蒸发室组成。加热室位于蒸发器的下部，由许多加热管组成，管外的加热蒸汽使管内的溶液加热升温沸腾汽化。蒸发器的上部为蒸发室，汽化产生的蒸汽在此空间和夹带的液沫分离，气相进入冷凝器进行冷凝处理，液相经蒸发室底部管路作为浓缩液进入浓缩液罐。

图7.5 二效蒸发器设备简介

6. 浓缩液罐

浓缩液罐（图7.6）用于储存二效蒸发器的浓缩液。

图7.6 浓缩液罐设备简介

7. 冷凝器、产品罐

冷凝器用于冷却从二效蒸发器过来的气相蒸汽，冷凝成液相进入产品罐中，如图 7.7 所示。

图 7.7　冷凝器、产品罐设备简介

8. 喷射泵

蒸发器内的真空是由循环泵输送流体至喷射泵（图 7.8）产生负压。

图 7.8　喷射泵设备简介

9. 疏水器

经过一效蒸发的蒸汽，与管程内的溶液进行换热后，由气相冷凝成液相，单液相水中可能夹杂有少量气相，经过疏水器（图 7.9），液相水流出，疏水器特有的结构可防止蒸汽外溢。

实训装置设备表见表 7.1。

模块七　双效蒸发实训 | 177

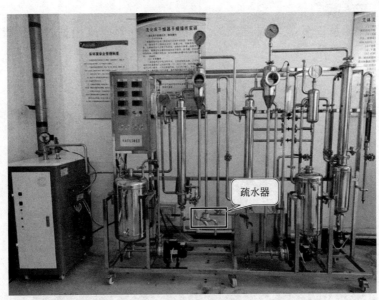

图 7.9 疏水器设备简介

表 7.1 实训装置设备表

序号	符号	含义	规格型号
1	F1	一效进料流量计	LZB-10;1~10L/h
2	F2	二效进料流量计	LZB-10;1~10L/h
3	F3	二效出料流量计	LZB-10;1~10L/h
4	F4	冷却水流量计	VA15F;4~40L/h
5	T1	一效进料温度	Pt100 温度计
6	T2	二效出料温度	Pt100 温度计
7	T3	进一效蒸汽发生器蒸汽温度	Pt100 温度计
8	T4	一效蒸发器内温度	Pt100 温度计
9	T5	二效蒸发器内温度	Pt100 温度计
10	T6	二效完成液温度	Pt100 温度计
11	D1	一效进料浓度(电导率)	电导率仪
12	D2	二效蒸发器完成液浓度(电导率)	电导率仪
13	P1	蒸汽发生器压力	压力传感器
14	P2	蒸汽发生器压力	电接点压力表
15	P3	一效蒸发室压力	0~0.25MPa 压力表
16	P4	二效蒸发室压力	0~0.1MPa 压力表
17	P5	真空缓冲罐压力	0~0.1MPa 压力表
18		不锈钢蒸汽发生器	$\phi 159 \times 470$
19		不锈钢原料罐	$\phi 300 \times 400$

续表

序号	符号	含义	规格型号
20		原料泵	WB50/025
21		一效蒸发器	$\phi 19 \times 700$、7根,换热面积$0.292m^2$
22		二效蒸发器	$\phi 19 \times 700$、7根,换热面积$0.292m^2$
23		浓缩液罐	$\phi 219 \times 400$
24		中间泵	WB50/025
25		冷凝器	$\phi 19 \times 700$、7根,换热面积$0.292m^2$
26		产品罐	$\phi 159 \times 300$
27		循环泵	WB120/150P
28		喷射泵	$\phi 3$
29		水槽	550mm×270mm×400mm

二、双效蒸发实训装置阀门简介

本实训共用到球阀、闸阀两种阀门,具体阀门分布如图7.10所示。

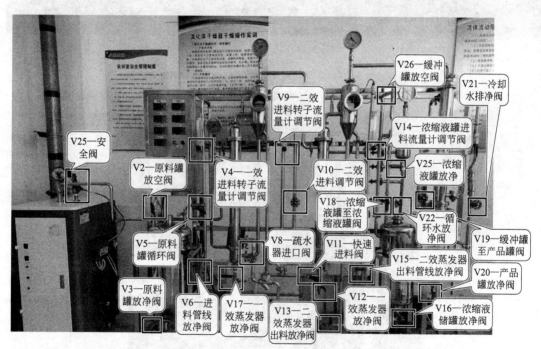

图7.10 阀门分布图

三、双效蒸发实训装置仪表简介

双效蒸发装置涉及的仪表主要包括压力表、转子流量计、温度计、液位计、浓度传感器等,仪表分布图如图7.11和图7.12所示。

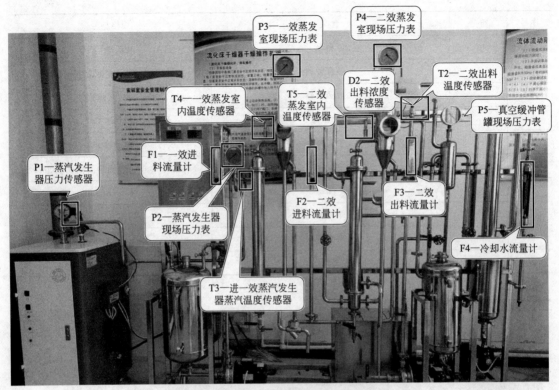

图 7.11 仪表简介（1）

图 7.12 仪表简介（2）

四、双效蒸发实训装置流程简介

流程简介：本实训装置的流程图如图 7.13 所示。

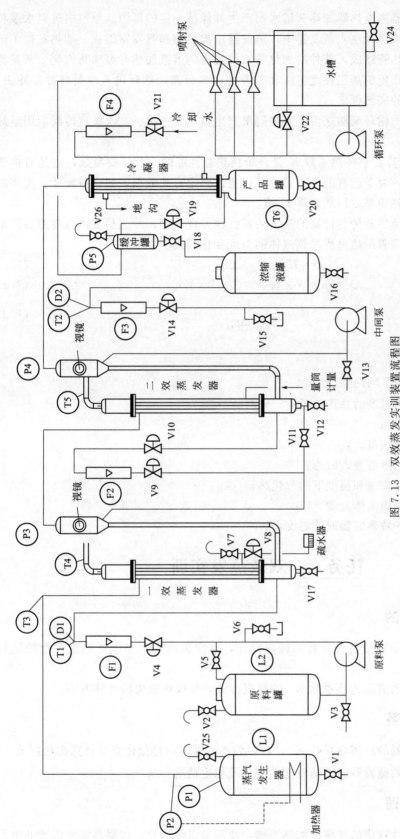

图 7.13 双效蒸发实训装置流程图

V1—蒸汽发生器底部放净阀；V2—原料罐放空阀；V3—原料罐放净阀；V4———效进料转子流量计调节阀；V5—原料罐循环阀；V6—进料管线放净阀；V7—放空阀；V8—疏水器进口阀；V9—二效进料转子流量计调节阀；V10—二效蒸发器放净阀；V11—快速进料阀；V12—二效蒸发器放净阀；V13—二效蒸发器出料放净阀；V14—浓缩液罐进料放净阀；V15—二效蒸发器出料管线放净阀；V16—浓缩液至浓缩液罐阀；V17—二效蒸发器放空阀；V18—浓缩液至产品罐阀；V19—缓冲罐放净阀；V20—产品罐放净阀；V21—冷却水放净阀；V22—循环泵放净阀；V24—水槽放净阀；V25—安全阀；V26—缓冲罐现场放净阀；P1—蒸汽发生器压力现场表；P2—蒸汽发生器现场压力表；P3——效蒸汽流量计；P4—二效现场压力表；P5—真空缓冲罐现场压力表；F1——效出料流量计；F2—二效出料流量计；F3—二效进料流量计；F4—冷却水流量计；T1——效发室现场温度传感器；T2—二效出料温度传感器；T3—进——效蒸发器蒸汽室内温度传感器；T4——效蒸发室内温度传感器；T5—二效蒸发器蒸汽室内温度传感器；D1——效进出料浓度传感器；D2—二效出料浓度传感器

模块七 双效蒸发实训 | 181

蒸汽是由蒸汽发生器内电热器加热蒸馏水而产生并保持一定的压力。原料由进料水泵将物料从原料罐通过转子流量计注入蒸发器中,蒸发器由加热室和蒸发室组成。加热室位于蒸发器的下部,由许多加热管组成,管外的加热蒸汽使管内的溶液加热升温沸腾汽化。蒸发器的上部为蒸发室,汽化产生的蒸汽在此空间和夹带的液沫分离,然后进入冷凝器冷凝除去,浓缩后的溶液从蒸发器的底部排出。

蒸发器内的真空是由循环泵输送流体至喷射泵产生负压。一次、二次蒸汽冷凝后用量筒和秒表进行测量。

总传热系数 K 的计算:总传热系数 K 是评价换热器性能的一个重要参数,也是对换热器进行传热计算的依据。对于已有的换热器,可以通过测定有关数据,如设备尺寸、流体的流量和温度等,通过传热速率方程式计算 K 值。

传热速率方程式是换热器传热计算的基本关系。该方程式中,冷、热流体温度差 ΔT 是传热过程的推动力,它随着传热过程冷热流体的温度变化而改变。

传热速率方程式 $\qquad Q = K_0 \times S_0 \times \Delta t_m$ (7.1)

热量衡算式 $\qquad Q = cp \times W \times (t_2 - t_1) + W_1 \times r$ (7.2)

总传热系数 $\qquad K_0 = \dfrac{Q}{S_0 \times \Delta t_m}$ (7.3)

式中 Q——传热量,W;

S_0——传热面积,m²;

Δt_m——冷热流体的平均温差,℃;

K_0——以外表面为基准的总传热系数,W/(m²·℃);

cp——比热容,J/(kg·℃);

W——原料液质量流量,kg/s;

W_1——一效蒸发器蒸发量,kg/s;

r——一效蒸发器内饱和温度下的汽化热,J/kg;

t_2——一效蒸发器内液体温度,℃;

t_1——原料进入一效蒸发器时的温度,℃。

任务二 双效蒸发实训

一、双效蒸发实训目的

(1) 了解双效蒸发主要设备及流程,练习操作,本实训的目的是能够稳定平稳地运行装置。

(2) 掌握一效蒸发器的总传热系数 K_1 的测定方法,掌握热损失的计算方法。

二、双效蒸发实训内容

(1) 测定一效蒸发器的总传热系数 K_1。对一效蒸发器进行热量衡算并计算出热损失。

(2) 测定一效、二效蒸发器温度随时间的变化及稳定情况。

三、双效蒸发实训原理

蒸发就是将不挥发性物质的稀溶液加热沸腾,使部分溶剂汽化,以提高溶液浓度的单元操作。蒸发操作的设备称为蒸发器。

蒸发操作必须具备两个条件：第一，持续不断地供给溶剂汽化所需的热量（汽化热），使溶液保持沸腾状态；第二，随时将汽化出来的蒸汽排除，否则，沸腾溶液上方空间的蒸汽压力会逐步增大，当增大到与溶剂的饱和蒸气压平衡时，蒸发过程就会终止。

蒸发操作要将大量的溶剂汽化，需要消耗大量热能，所以，蒸发的节能问题更为突出。蒸发操作一般选用水蒸气作热源，由于蒸发操作的溶液大多数是水溶液，汽化出来的也是水蒸气。为了将蒸发过程中的蒸汽加以区分，通常将用作热源的蒸汽称为加热蒸汽或生蒸汽，将溶液汽化出来的蒸汽称为二次蒸汽。排除二次蒸汽的方法常采用冷凝的方法。

根据是否利用二次蒸汽，蒸发操作可分为单效蒸发和多效蒸发。若二次蒸汽直接被冷凝不再利用，称为单效蒸发。若将二次蒸汽引入另一个蒸发器作为加热蒸汽，这种由多个蒸发器串联起来的蒸发操作称为多效蒸发。本实训装置中二次蒸汽被利用了一次，两个蒸发器串联，所以是双效蒸发。

四、双效蒸发实训前准备工作

（1）向水槽和蒸汽发生器内注入蒸馏水至液位的 3/4 以上，向原料罐注入自来水，转子流量计下的流量调节阀门全部关闭（图 7.14）。

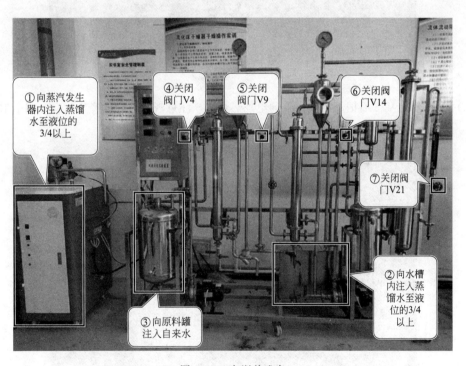

图 7.14　实训前准备

（2）检查仪表是否处于正常状态。

五、双效蒸发实训注意事项

（1）蒸汽发生器是通过电加热器产生蒸汽的，压力不能超过 25kPa，操作时要注意安全。

（2）调节真空度时一定要缓慢调节，否则会出现异常现象。

六、双效蒸发实训操作

双效蒸发实训装置开车操作

（1）合上总电源开关，启动原料泵，开启转子流量计 F1 调节阀向一效蒸发器加入原料至视镜中间位置后关闭阀门 V4（图 7.15）。

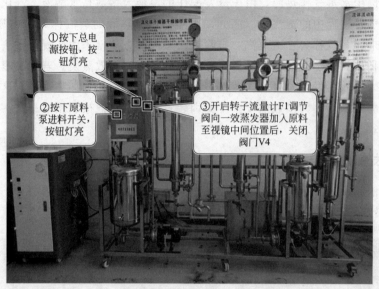

图 7.15　加入原料

（2）关闭阀门 V25 后把蒸汽发生器通电加热合上，注意观察蒸汽的产生过程（图 7.16）。

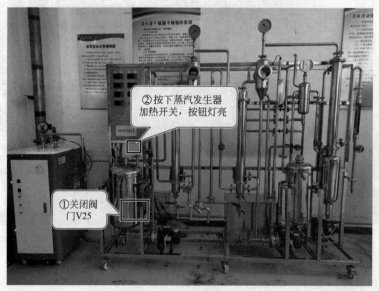

图 7.16　启动蒸汽发生器

（3）当有蒸汽产生后，并控制蒸汽压力 p_1 为 25kPa，在疏水器看到有蒸汽和冷凝水流出后，打开原料泵调节流量计 F1 为 6L/h，缓慢打开 V11 向二效蒸发器加入原料至视镜中间处后，关闭阀门 V11（图 7.17）。

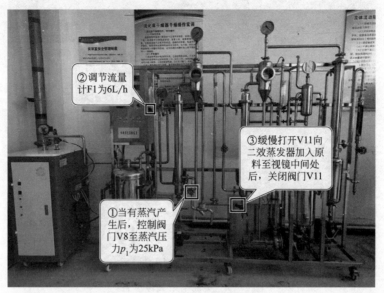

图 7.17　调节蒸汽压力

（4）开启循环泵、喷射泵产生负压调节到 $-0.09\mathrm{MPa}$ 左右，稳定操作后，每相隔 5min 开始记录一效进料流量、二效进料流量、二效出料流量、冷却水流量、一效进料温度、二效出料温度、进一效蒸汽发生器蒸汽温度、一效蒸发器内温度、二效蒸发器内温度、二效完成液温度、一效进料浓度（电导率）、二效蒸发器完成液浓度（电导率）、蒸汽发生器压力、一效蒸发室压力、二效蒸发室压力、真空缓冲罐压力等，收集并记录一效蒸汽和二效蒸汽冷凝量（图 7.18）。

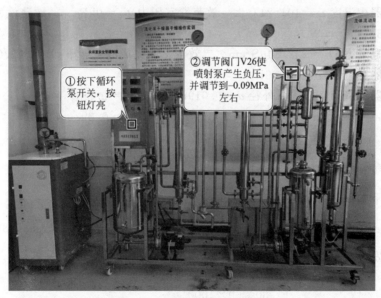

图 7.18　调节喷射泵产生负压

（5）实训结束时，打开阀门 V26 将系统放空，先切断加热电路、关闭流量计调节阀、停泵，最后切断总电源（图 7.19）。

双效蒸发实训
装置停车操作

模块七　双效蒸发实训 ｜ 185

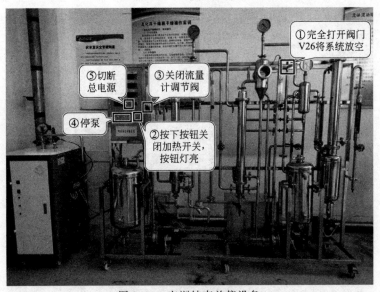

图 7.19 实训结束关停设备

任务三 数据处理

一、数据处理过程举例

单效蒸发器传热系数的测定（以实训操作中稳定后平均值进行计算）。

实训操作 30min、一效进料流量 6.00L/h、一效进料温度 $t_1=21.29℃$。

一效蒸发器内温度 $t_2=101.24℃$、一效蒸发室压力 $p_1=0$kPa、一效蒸汽发生器蒸汽温度 $T_1=106.33℃$。

一效进料电导率 $D_1=252.86\mu S/cm$、二效蒸发器完成液电导率 $D_2=311.00\mu S/cm$。

单效蒸发器蒸汽蒸发量为 0.9L。

单效蒸发器的管束 7 根、管外径 $d=0.019m$、管长 $L=0.7m$。

换热面积：$S_0 = \pi \times d \times L \times n = 3.14 \times 0.019 \times 0.7 \times 7 = 0.292(m^2)$

$$\Delta t_m = T_1 - t_2 = 106.33 - 101.24 = 5.09(℃)$$

原料进入蒸发器和沸腾平均温度 $\bar{t} = \dfrac{t_2 + t_1}{2} = \dfrac{101.24 + 21.29}{2} = 61.26(℃)$

在此温度下的比热容 $c_p = 4.178$ kJ/(kg·℃)

$$Q_1 = c_p \times W \times (t_2 - t_1) = \dfrac{4.178 \times 1000 \times 6}{3600 \times 1000} \times (101.24 - 21.29) = 556.8(W)$$

一效蒸汽发生器蒸汽温度 $T_1=106.33℃$ 下的汽化热 $r=2240$ kJ/kg

$$W_1 = \dfrac{0.9 \times 1000}{30 \times 60 \times 1000} = 0.00501(kg/s)$$

$$Q_2 = W_1 \times r = 0.00501 \times 2240 \times 1000 = 556.8(W)$$

总传热系数 $K_0 = \dfrac{Q}{S_0 \times \Delta t_m} = \dfrac{1120 + 556.8}{0.292 \times 5.09} = 1127.83[W/(m^2 \cdot ℃)]$

实训数据表见表 7.2 和表 7.3。

表 7.2 实训数据表（1）

序号	符号	测量参数	1	2	3	4	5	6	7	平均值
1		操作时间/min	0	5	10	15	20	25	30	30
2	F1	一效进料流量/(L/h)	6	6	6	6	6	6	6	6.00
3	T1	一效进料温度/℃	20.2	20.3	20.5	20.9	21.4	22.2	23.5	21.29
4	D1	一效进料电导率/(μS/cm)	245	248	250	253	254	258	262	252.86
5	P1	蒸汽发生器压力/kPa	25	25	25	25	25	25	25	25.00
6	T3	进一效蒸发器蒸汽温度/℃	106	106.3	106.4	106.4	106.4	106.4	106.4	106.33
7	P3	一效蒸室压力/kPa	0	0	0	0	0	0	0	0.00
8	T4	一效蒸发器内温度/℃	101.2	101	101.3	101.5	101.6	100.9	101.2	101.24
9	F2	二效进料流量/(L/h)	6	6	6	6	6	6	6	6.00
10	P4	二效蒸室压力/kPa	−0.09	−0.09	−0.09	−0.09	−0.09	−0.1	−0.1	−0.09
11	T5	二效蒸发器内温度/℃	18.5	44.2	47.1	44.6	43.3	40.9	42.4	40.14
12	T2	二效完成液电导温度/℃	22	29.1	34.2	34.4	34.7	32.2	30.2	30.97
13	D2	二效蒸发器完成液电导率/(μS/cm)	240	245	320	330	335	351	356	311.00
14	F3	完成液流量/(L/h)	6	6	6	6	6	6	6	6.00
15	P5	真空缓冲罐压力/MPa	−0.09	−0.09	−0.09	−0.09	−0.09	−0.1	−0.1	−0.09
16	F4	冷凝水流量/(L/h)	250	250	400	400	400	400	400	357.14
17		一效蒸汽量/L								2.8
18		二效蒸汽量/L								0.9
19		二效蒸汽冷凝量/(L/h)								0.45
20		二效蒸汽冷凝量/(kg/s)								0.000125
21		一效蒸汽蒸发热量 Q_1/(J/s)								281.25
22		二效预настhot热量 Q_2/(J/s)								592.5
23		一效蒸发器换热面积/m²								0.292334
24		一效蒸发器传热系数/[W/(m²·℃)]								587.68
25		二效出口完成液/L								4
26		二效蒸发器冷凝量/L								2.5

二、任务单

1. 实训内容

2. 基本原理

3. 实训步骤

4. 数据处理
实训数据表见表 7.3。

表 7.3　实训数据表 (2)

序号	符号	测量参数	1	2	3	4	5	6	7	平均值
1		操作时间/min								
2	F1	一效进料流量/(L/h)								
3	T1	一效进料温度/℃								
4	D1	一效进料电导率/(μS/cm)								
5	P1	蒸汽发生器压力/kPa								
6	T3	进一效蒸汽发生器蒸汽温度/℃								
7	P3	一效蒸发室压力/kPa								
8	T4	一效蒸发器内温度/℃								
9	F2	二效进料流量/(L/h)								
10	P4	二效蒸发室压力/kPa								
11	T5	二效蒸发器内温度/℃								
12	T2	二效完成液温度/℃								
13	D2	二效蒸发器完成液电导率/(μS/cm)								
14	F3	完成液流量/(L/h)								
15	P5	真空缓冲罐压力/MPa								
16	F4	冷凝水流量/(L/h)								
17		一效蒸发量/L								
18		二效蒸发量/L								
19		二效蒸汽冷凝量/(L/h)								
20		二效蒸汽冷凝量/(kg/s)								
21		一效汽蒸汽热量 Q_1/(J/s)								
22		一效预热量 Q_2/(J/s)								
23		一效蒸发器换热面积/m²								
24		一效蒸发器传热系数/[W/(m²·℃)]								
25		二效出口完成液/L								
26		二效蒸发器冷凝量/L								

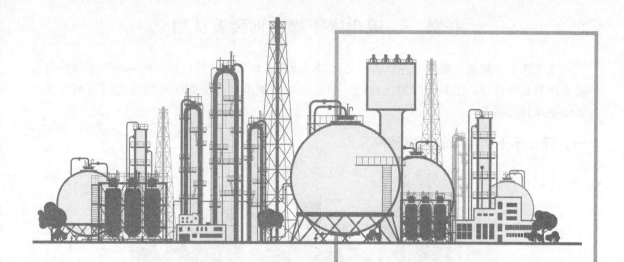

流化床干燥实训装置是利用热空气使湿物料呈悬浮流化状,并将物料中的湿分(水或其他溶剂)汽化,水汽或蒸气经气流带走,从而获得干燥物料的操作装置。

模块八

流化床干燥实训

任务一 流化床干燥实训装置认知

流化床实训装置主要包括进料槽、流化床干燥器、旋风分离器、星形进料器、布袋除尘器和出料袋等设备；主要阀门包括蝶阀、闸板阀两种类型，涉及的仪表主要包括差压传感器、温度传感器等。

一、流化床干燥实训装置设备简介

实训装置中的设备见图8.1。

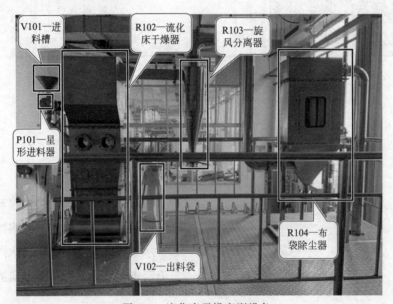

图8.1 流化床干燥实训设备

1. 流化床干燥器

流化床干燥器（图8.2）是将粉粒状流动性物料放在多孔板等气流分布板上，由其下部送入具有相当速度的干燥介质。当介质流速较低时，气体从物料颗粒间流过，整个物料层不动；逐渐增大气流速度，料层开始膨胀，颗粒间间隙增大；再增大气流速度，相当部分物料呈悬浮状，形成气-固混合床，即流化床，因流化床中悬浮的物料很像沸腾的液体，故又称沸腾床，而且它在许多方面呈现流体的性质，例如，有明显的上界面，并保持水平；若再增大气流流速，颗粒几乎全部被气流带走，就变为气体输送了。因此，气流速度是流化床干燥机最根本的控制因素，适宜的气流速度应介于使料层开始呈流态化和将物料带出之间。

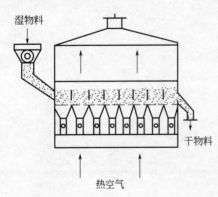

图8.2 流化床干燥器结构示意图

2. 旋风分离器

旋风分离器（图8.3）的主要功能是尽可能除去输送介质气体中携带的固体颗粒杂质和液滴，达到气固液分离，以保证管道及设备的正常运行。

净化气通过设备入口进入设备内的旋风分离区,当含杂质气体沿轴向进入旋风分离管后,气流受导向叶片的导流作用而产生强烈旋转,气流沿筒体呈螺旋形向下进入旋风筒体,密度大的液滴和尘粒在离心力作用下被甩向器壁,并在重力作用下,沿筒壁下落流出旋风管排尘口至设备底部储液区,从设备底部的出液口流出。旋转的气流在筒体内收缩向中心流动,向上形成二次涡流经导气管流至净化天然气室,再经设备顶部出口流出。

3. 布袋除尘器

布袋除尘器(图 8.4)是一种干式除尘装置,也称过滤式除尘器(袋式除尘器),它是利用纤维编织物制作的袋式过滤元件来捕集含尘气体中固体颗粒物的除尘装置,其作用原理是尘粉在通过滤布纤维时因惯性作用与纤维接触而被拦截,滤袋上收集的粉尘定期通过清灰装置清除并落入灰斗,再通过出灰系统排出。

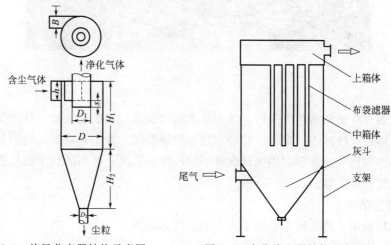

图 8.3 旋风分离器结构示意图　　图 8.4 布袋除尘器结构示意图

4. 星形进料器

星形进料器(图 8.5)的工作原理是电机通过减速器直接带动主轴和叶轮旋转,或者通过链轮链条带动主轴和叶轮旋转,物料从上部料仓通过圆形或方形进料口进入叶轮槽内,旋转的叶轮把物料带到出料口喂送出去。

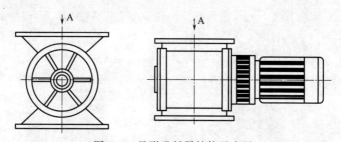

图 8.5 星形进料器结构示意图

5. 进料槽

进料槽在本装置中用于湿物料的进入。

6. 出料袋

出料袋(图 8.6)在本装置中用于干燥后物料的收集。

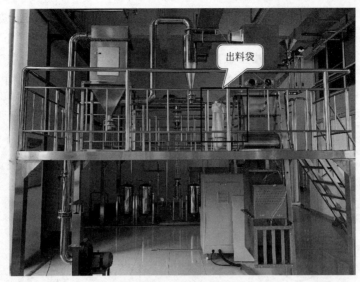

图 8.6 出料袋

7. 引风机

引风机是通过叶轮转动产生负压，进而从系统（设备）抽取空气的一种设备。广泛用于工厂、矿井、隧道、冷却塔、车辆、船舶和建筑物的通风、排尘和冷却；锅炉和工业炉窑的通风和引风；空气调节设备和家用电器设备中的冷却和通风；谷物的烘干和选送；风洞风源和气垫船的充气和推进等。

8. 空气电加热器

空气电加热器用于流化床干燥器中进入的空气的加热。

二、流化床干燥实训装置仪表简介

实训装置中的仪表见图 8.7。

图 8.7 仪表

笛形管流量计（图 8.8）通过压力传感器测得管路中央和管壁处压差，然后算出管路中流体流量。

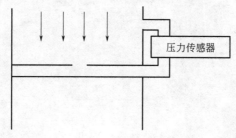

图 8.8　笛形管流量计示意图

三、流化床干燥实训装置阀门简介

1. 蝶阀

蝶阀又叫翻板阀，是一种结构简单的调节阀，可用于低压管道介质的开关控制的蝶阀是指启闭件（阀瓣或蝶板）为圆盘，围绕阀轴旋转来达到开启与关闭的一种阀。实训中阀门的布置如图 8.9、图 8.10 所示。蝶阀启闭件是一个圆盘形的蝶板，在阀体内绕其自身的轴线旋转，从而达到启闭或调节的目的。

图 8.9　阀门布置 1

2. 闸板阀

闸板阀是最常用的截断阀之一，主要用来接通或截断管路中的介质，不运用于调节介质流量。运用的压力、温度及直径范围很大，尤其运用于中、大直径的管道。闸板阀具有流体阻力小，启闭较省力，介质流动方向一般不受限制等特点。闸阀布置见图 8.11。

图 8.10 阀门布置 2

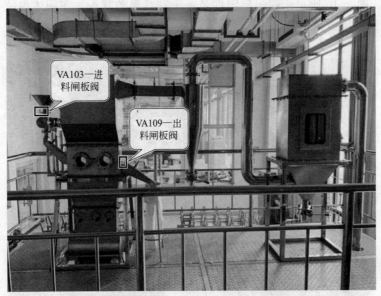

图 8.11 闸阀布置

四、流化床干燥实训装置工艺流程图

1. 流化床干燥实训装置流程简述

流化床干燥实训装置工艺流程如图 8.12 所示。

物料流向：来自进料槽 V101 的湿物料，经过闸板阀 VA103，通过星形进料器 P101 控制一定流量进入流化床干燥器 R102，被从下到上流过的热空气干燥，通过空气流化流动到出料口处，经过阀门 VA109 滑落进布袋 V102。

空气流向：给空气提供动力的是引风机 P103。冷空气被引入空气电加热器 E101 加热。

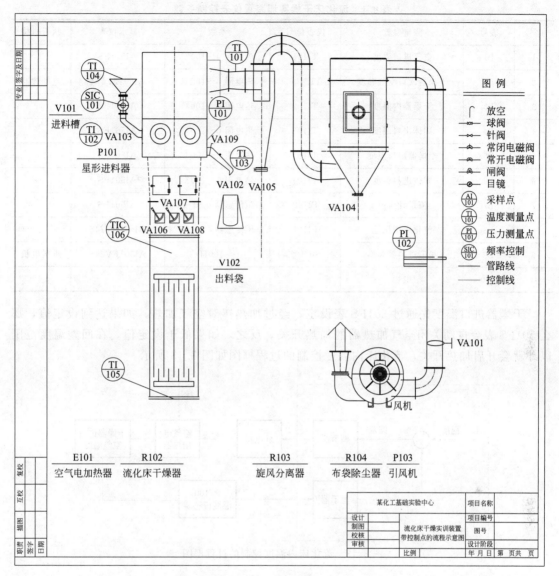

图 8.12 流化床干燥实训装置工艺流程

VA101—空气流量调节阀；VA102—出料挡板；VA103—进料闸板阀；VA104—布袋除尘器放料阀；
VA105—旋风分离器放料阀；VA106—流化床层空气分布阀1；VA107—流化床层空气分布阀2；
VA108—流化床层空气分布阀3；VA109—出料闸板阀

然后热空气进入流化床底部，通过阀门 VA106、VA107、VA108 调节局部空气流量进入流化床干燥器 R102 底部的均压布风板均匀分布，穿过床内的物料，使物料颗粒悬浮于气流中，物料得到高度分散，形成流化状态，形成一定厚度的流化层，然后到达扩大分离段。在扩大分离段内，风速减小，物料颗粒沉降回干燥器内。空气由扩大段出来后进入旋风分离器 R103 除尘，然后进入布袋除尘器 R104 进行深度除尘。然后空气通过笛形管压差计测量空气流量，经阀门 VA101 引入引风机 P103 入口后由风机出口排出。

2. 流化床干燥实训装置仪表控制参数

流化床干燥实训装置仪表控制参数见表 8.1。

表 8.1 流化床干燥实训装置仪表控制参数

序号	表号	测量参数	仪表位号	参数	显示仪表	执行机构
1	B1	空气进口温度	TI105	热电阻 0~100℃	AI501FS	
2	B2	干燥器入口空气温度	TIC106	热电阻 0~100℃	AI501FL1S4	电加热器
3	B3	干燥器内温度	TI102	热电阻 0~100℃	AI501FS	
4	B4	固体出料温度	TI103	热电阻 0~100℃	AI501FS	
5	B5	干燥器出口温度	TI101	热电阻 0~100℃	AI501FS	
6	B6	固体进料温度	TI104	热电阻 0~100℃	AI501FS	
7	B7	流量计压差	PI102	差压传感器 0~20kPa	AI501FS	
8	B8	流化床层压差	PI101	差压传感器 0~20kPa	AI501FV24S	
9	B9	星形进料器频率	SIC101	0~100Hz	AI501FV24S	进料电机
10	B10	电表				

干燥器进口温度先通过 501FS 表设定，经过加热棒对空气加热，如果达到设定值，那么 501FS 表会自动关闭空气加热器的加热开关，反之，如果低于设定值，在回差温度范围以外就会开启加热开关，流化床内温度控制的过程框图如图 8.13 所示。

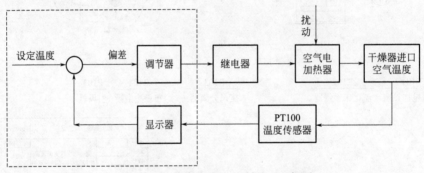

图 8.13 流化床内温度控制的过程框图

干燥器进口温度是通过仪表 TIC106 控制的，显示温度的仪表是 501FS 型单显表（如图 8.14 所示），温度的控制范围可以设定在 30~60℃，具体仪表控制操作如下。

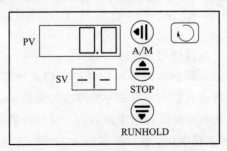

图 8.14 AI501FS 型单显表示意图

仪表上的 PV 代表实测的值，SV 代表仪表当前设定值。按住 ⟲ 键不放 3~4s 以后就会进入仪表的参数设定界面，首先看到的是 PV 界面显示的是 HIAL，其是上限报警参数调节，例如要控制温度到 50℃，那就把 SV 界面的数值改为 50，再一直按 ⊙ 键可退出参数界面，设定完成。

任务二　流化床干燥实训

一、流化床干燥实训目的

（1）了解流化床干燥操作基本原理和基本工艺流程；了解流化床干燥器、旋风分离器、布袋除尘器、引风机等主要设备的结构特点、工作原理和性能参数；了解流量、压差、温度等工艺参数的测量原理和操作方法。

（2）能够根据工艺要求进行流化床干燥生产装置的间歇或连续操作；能够在操作进行中熟练调控仪表参数，保证生产维持在工艺条件下正常进行；能实现手动和自动无扰切换操作，着重训练并掌握 DCS 计算机远程控制系统。

（3）能根据异常现象分析判断故障类型、产生原因并排除故障。

二、流化床干燥的基本原理

在流化床干燥装置中，散粒状的物料由加料机连续定量喂入流化干燥室，冷空气经换热器加热后进入流化床底部，热空气流经底部的均压布风板均匀分布，穿过床内的物料，使物料颗粒悬浮于气流中，物料得到高度分散呈流化状态，形成一定厚度的流化层，就像煮沸的开水，气泡不断地产生，浮出水面。呈流化状态的物料颗粒在流化床内均匀混合，并与气流充分接触，发生强烈的热质交换，湿物料迅速干燥脱水，由于物料流化的扩散作用，物料从流化床进料端均匀连续地流向出料端，最后干燥的物料由排料口排出，湿空气由流化床顶部排出。

标准的基本型流化床设备由均压箱、流化段、扩大段三部分组成。经过换热器加热后的热气流在穿过产品并使之均匀流化的同时，与床内的湿物料进行热质交换并且蒸发溶剂，被夹带的颗粒在扩大段与气流分离，重新沉降到流化段，尾气进入旋风分离器进行净化，干燥后的成品由排料口排出流化床。该装置的特点是：

（1）物料颗粒在热气流的湍流喷射状态下处于悬浮状态，得到充分混合和高度分散，颗粒的所有表面都参与热质交换，气固相间传热传质系数及表面积均较大。

（2）由于气固相激烈的混合和分散以及两者间快速高效地给热，使物料床层温度均匀且很容易调节，保证了物料干燥的均匀性；

（3）物料在床层内停留时间一般在数分钟至数小时之间，可任意调节，故对难干燥或干燥产品含水率要求低的物料特别适合；

（4）利用高热效率干燥可避免局部原料过热，因而对热敏性产品适应性强。尽管颗粒剧烈运动，但是产品处理仍比较温和，无任何明显的磨损；

（5）流化床适应于平均粒度在 $50 \sim 5000 \mu m$ 的粉状、粒状、块状的物料，但不适合于易黏结或结块的物料干燥。加工轻质的细粉和细长形状的物料时可能要依靠振动使之能很好地流化干燥。结构简单，操作方便，可动部分少，维修费用较低等。

三、流化床干燥实训内容及操作规程

1. 工艺文件准备训练

（1）能识记流化床干燥过程工艺文件。

（2）能识读流化床干燥岗位工艺流程图、实训装置示意图、实训设备平面和立面布置图，能绘制工艺流程配管简图。

（3）能识读仪表联锁图。

（4）熟悉流化床干燥实训过程操作规程。

2. 开车前的动、静设备检查训练

流化床实训装置开车准备操作

检查流化床干燥器、星形加料器、旋风分离器、布袋除尘器、引风机、仪表等是否完好，检查阀门、测量点、分析取样点是否灵活好用（图 8.15 和图 8.16）。

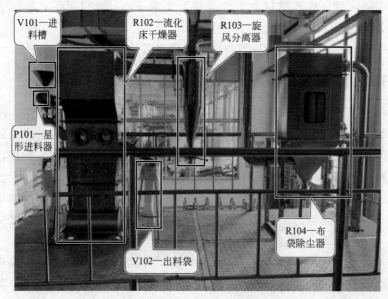

图 8.15　检查设备、仪表、阀门是否完好（1）

3. 检查原料、水电气等公用工程供应情况

检查设备上电情况，设备采用五线三相电接法，设备功率较大，检查电线及相关电器是否安全适用，检查进料器管道、干燥器内及出料管道中是否有上次实训的残留物料，检查旋风分离器及布袋除尘器中是否有上次实训残留粉尘，如果有，需清洁干净，空气来源为大气，检查干燥物料是否合格够用。

四、流化床干燥实训装置操作

1. 流化床开、停车操作

设备、原料、水电气等检查完毕后，给设备上电，开面板上总电源开关，检查面板上仪表显示情况（图 8.17），然后采用先开风机后开加热器的顺序操作，实训结束后采用先关加热器后关风机的顺序。

图 8.16 检查设备、仪表、阀门是否完好（2）

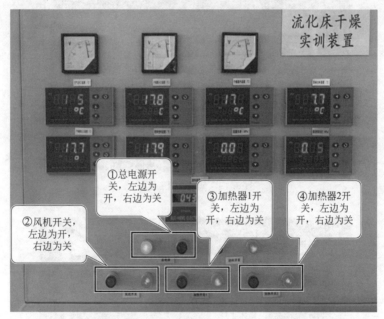

图 8.17 确认电源开关状态

2. 离心风机开停车和流量调节操作技能训练

（1）总电源开启后，打开风机 P103 电源开关（图 8.18）。

（2）检查风机转向为正向后，通过调节阀门 VA101 开度，调节设备内空气总流量（图 8.19）。

（3）打开流化床干燥器下挡板，调节三个阀门 VA106、VA107、VA108，可调节流化床内空气流量，控制物料流化状态（图 8.20）。

流化床实训装置开车操作

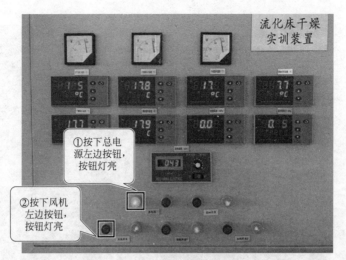

图 8.18　打开电源开关

图 8.19　调节阀门开度

图 8.20　调节阀门开度控制物料流化状态

(4) 实训结束，关闭风机电源开关（图 8.21）。

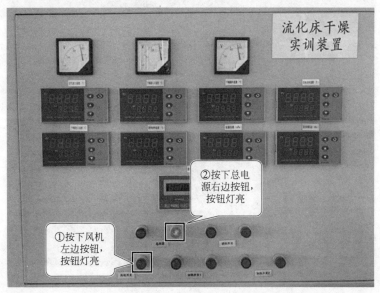

图 8.21　实训结束关闭电源

3. 星形加料器加料速度的调节操作技能训练

(1) 将称量好的干燥物料（小米）装入星形加料器 V101，将阀门 VA103 开到合适位置（不要开得太大），星形加料器见图 8.22。

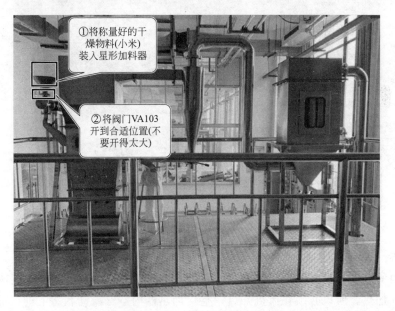

图 8.22　星形加料器进料

(2) 启动进料泵 P101 频率开关，将其频率设为 20Hz 左右（图 8.23）。

(3) 从流化床干燥器上玻璃视窗观察进料情况，进料速度大则将阀门 VA103 关小（图 8.24）。

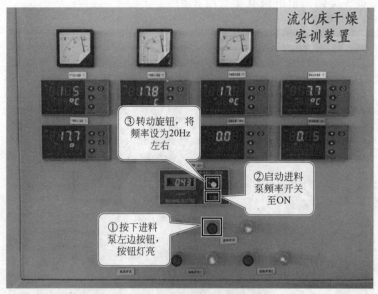

图 8.23　开启进料泵设置频率

图 8.24　星形加料器进料控制

4. 流化床干燥器内温度控制技能训练

流化床内的温度可由空气加热器控制。空气在空气加热器 E101 内被加热棒加热,加热棒直接对空气加热,所以必须在风机开启,空气加热器内空气流动状态下进行加热。流化床内的温度控制是通过控制空气加热器出口温度来实现。

在面板仪表温度表 TIC106 上设定温度上限为 50℃,则干燥器进口温度最高为 50℃,超过温度时,加热器开关自动关闭,停止加热。温度低于 50℃ 时,继续加热。加热器关闭,停止加热后加热棒上余热可能导致温度继续上升。

实训结束时,关闭加热器电源开关,待到干燥器内温度低于 40℃,关闭风机(图 8.25)。

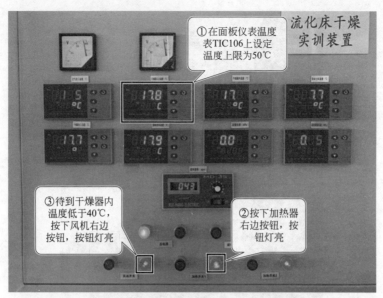

图 8.25 温度控制

5. 旋风分离器、布袋过滤器卸料操作技能训练

实训结束时，风机关闭后，将阀门 VA105 打开，将旋风分离器 R103 中实训过程空气携带的废物料排出收集起来，关闭 VA105；将 VA104 打开，将布袋除尘器 R104 中实训过程空气携带的废物料排出收集起来。关闭阀门 VA104。废物料收集如图 8.26 所示。

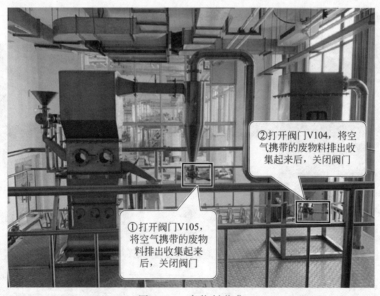

图 8.26 废物料收集

6. 流化床干燥器产品卸料操作技能训练

（1）设备工作过程中，干燥物料在流化床干燥器 R102 内呈流化状态，将阀门 VA102 稍稍打开一点，部分产品经出料口流出。打开阀门 VA109，产品落入出料袋（图 8.27）。剩余大部分物料停留在干燥器内。

图 8.27 产品卸料(1)

(2)实训结束后,打开玻璃视窗,将物料扫入出料袋(图 8.28)。

图 8.28 产品卸料(2)

7. 流化床干燥器湿物料含水量测定操作技能训练

干燥的物料，不论干燥前后，都含有一定量的水。它的含水量可进行测定。

8. 流化床干燥器化工仪表操作技能训练

差压变送器：测压差所用，掌握差压传感器高压端低压端的正确连接。对热电阻温度计进行了解，操作记录表见表8.2。

表8.2 操作记录表

时间	操作	TI105 /℃	TIC106 /℃	TI102 /℃	TI103 /℃	TI101 /℃	TI104 /℃	PI101 /kPa	PI102 /kPa	设备运行情况

9. 流化床干燥连续操作技能训练

（1）检查。按照本任务中"三、实训内容及操作规程"里第2、第3步对设备进行检查。

（2）检查完毕，开启面板上总电源，给设备上电，开启风机（图8.29）。

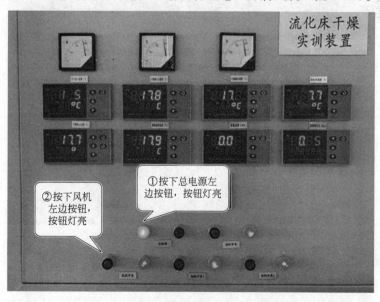

图8.29 开启风机

(3) 调节空气流量到最大,记录时间(图 8.30)。

图 8.30　调节空气流量

(4) 检查并确认空气流向上阀门全部开启后,在面板 B2 表上设定温度。开启加热开关(图 8.31),记录时间、设备操作状态。

图 8.31　开启加热开关

(5) 将称量好的物料(小米)装入进料槽,可分次加料。取原料样,放入密闭培养皿,标注样品序号。待温度达到设定值后,打开加料闸板阀到合适位置(图 8.32)。

图 8.32 装入物料

（6）打开进料电机开关，设定进料频率，开始进料，记录时间、设备操作状态（图 8.33）。

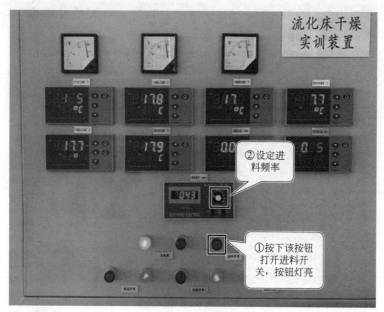

图 8.33 物料进料

（7）待干燥器内有一定量物料时，透过观察窗口查看物料流化状态（图 8.34）。打开出料闸板阀，注意不要开得太大，开始出料，取样，记录时间、设备操作状态，标注样品序号。每隔 10min 取样一次，记录时间、设备操作状态，标注样品序号。

（8）进料完毕时，记录时间、设备操作状态。将进料频率调至 0Hz，关闭进料电机开关。设定进料频率如图 8.35 所示。

图 8.34 查看物料流化状态

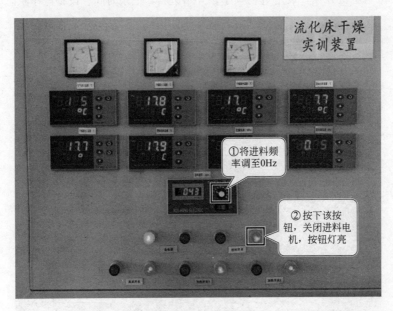

图 8.35 设定进料频率

(9) 关闭进料闸板阀。直至出料速度很小时，可停止出料（图 8.36）。记录时间。

(10) 关闭加热开关，停止加热。记录时间、设备操作状态。待到干燥器内温度低于 40℃时，关闭风机（图 8.37）。

(11) 将干燥器内残存物料扫入出料袋，称重。将旋风分离器、布袋除尘器中得到的粉尘放出收集，称重（图 8.38）。

图 8.36 停止出料

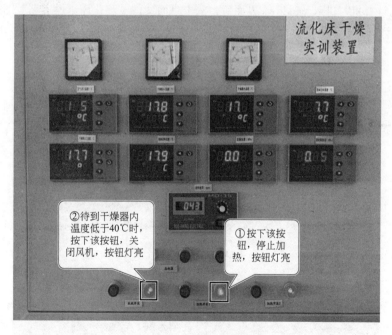

图 8.37 停止加热

(12) 把取出的样品按照序号顺序，分别称量一定量，放入烘箱烘干，再次称量，得到失水量。

10. 流化床干燥岗位计算机远程控制（DCS 控制系统）操作

(1) 将实训设备上阀门调到所需位置，打开"总电源"按钮，将设备上电。

图 8.38 粉尘收集、称重

（2）启动计算机，进入 windows 界面后，双击桌面文件"流化床干燥实训"图标，进入"流化床干燥实训计算机控制程序"（见图 8.39）点击界面，进入主程序界面（见图 8.40）。

图 8.39 DCS 控制界面（1）

（3）进入主程序后，进行相关操作，在图 8.41 主程序界面图（1）中，方块为开关，框内为调整数值输入框，点击后见图 8.42 的主程序界面图（2），输入所需的数值后按

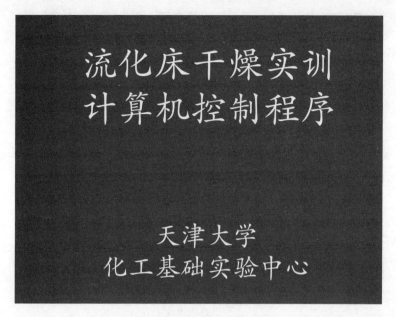

图 8.40　DCS 控制界面（2）

"确定"键，输入数值被写入。点击"温度曲线"查看温度曲线（图 8.43 为温度曲线图），点击"压力曲线"查看压力曲线（图 8.44 为流化床层压差曲线图，图 8.45 为空气流量压差曲线图）。

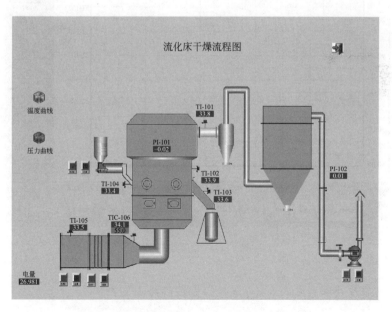

图 8.41　主程序界面图（1）

11. 流化床干燥实训装置异常现象排除技能训练任务

通过远程遥控可以模拟制造各种故障和异常现象。以此来训练学生分析问题和解决问题

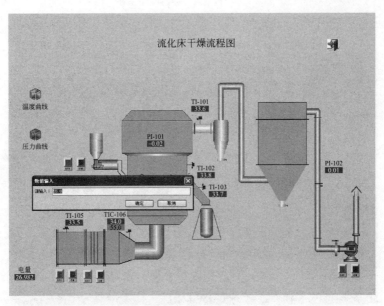

图 8.42 主程序界面图（2）

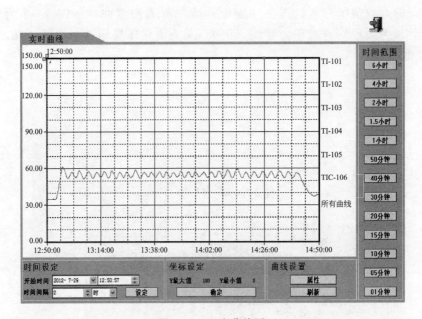

图 8.43 温度曲线图

的能力。异常现象及处理表见表 8.3，遥控器制造故障表见表 8.4。

表 8.3 异常现象及处理表

序号	故障现象	产生原因分析	处理思路	解决办法
1	干燥器内物料不能流化	空气输送管路阀门关闭,或阀门开度减小,引风机关闭	增大空气流量	打开空气输送管路阀门,打开引风机开关

续表

序号	故障现象	产生原因分析	处理思路	解决办法
2	没有物料进入干燥器	进料槽内无物料,进料闸板阀开度太小进料电机关闭,进料频率变小	查看进料槽内是否还有物料、闸板阀开度,进料频率是否改变;进料电机是否正常操作	调整进料闸板阀开度,打开进料电机开关,调整进料频率
3	出料袋内没有物料进入	出料闸板阀开度太小;干燥器内空气流量太小,物料未被流化	查看出料闸板阀开度;查看干燥器内物料流化状态	开大出料闸板阀开度,增大空气流量
4	干燥器内温度降低	加热器未工作;温度设定变低	查看加热开关是否打开;查看温度设定值	打开加热开关;重新设定温度
5	设备全部停电	实训室停电,实训室总电源关闭	线路或设备出现问题	找电工或老师解决

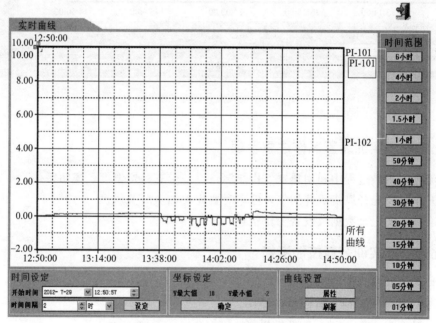

图 8.44　流化床层压差曲线图

表 8.4　遥控器制造故障表

遥控器按键名称	事故制造内容
A	关风机
B	关加热开关
C	开风机
D	开进料泵
E	停总电源
F	关进料泵

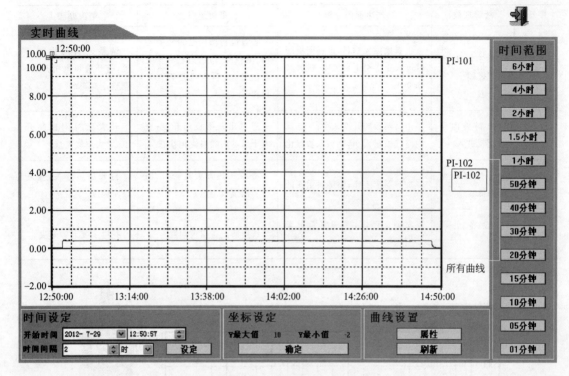

图 8.45 空气流量压差曲线图

五、流化床干燥实训装置操作注意事项

（1）流化床干燥过程中利用热空气作热源，设备带有一定温度，谨防烫伤。

（2）开车时要先开风机后开加热，停车时要先关加热后关风机。

（3）准确如实记录数据及设备工作状态。

六、流化床干燥实训装置技能考核

（1）控制干燥器内温度为 60℃。

（2）在温度为 60℃时进行间歇性操作。

（3）在温度为 60℃时进行连续性操作。

（4）在空气流量为 0.35kPa 时进行间歇性操作。

（5）在空气流量为 0.35kPa 时进行连续性操作。

（6）得到含水量≤5%的物料。

任务三　数据处理

一、数据处理过程举例

实际操作数据记录见表 8.5，样品分析数据见表 8.6。

表 8.5 干燥操作实际数据记录表

时间	操作	TI105/°C	TIC106/°C	TI102/°C	TI103/°C	TI101/°C	TI104/°C	PI101/kPa	PI102/kPa	设备运行情况
12:56	检查阀门,开总电源,开风机,加热		设定温度为55°C							正常
13:37	开始进料,进料频率为30Hz,进料槽内初始物料量2500g	34.6	56.5	51.3	34.6	53.2	36.6	0.16	0.40	正常
13:47	开始出料,取样	34.7	53.4	51.4	34.7	53.7	35.4	−0.03	0.39	正常
13:57	取样	35.2	55.2	53.7	38.8	56.4	35.1	−0.49	0.39	正常
14:07	取样	34.6	53.3	51.4	37.4	53.2	35.2	−0.07	0.39	正常
14:15	停止进料	34.6	58.6	52.7	34.3	51.8	35.3	0.29	0.38	正常
14:17	取样	34.3	56.2	51.7	36.7	55.2	35.4	0.26	0.39	正常
14:28	取样	33.3	53.5	52	35.3	50.1	35.3	0.21	0.38	正常
14:38	取样	33.4	53.3	50.8	33.5	53.7	35.2	0.18	0.39	正常
14:39	停止加热	33.4	53.3	50.8	33.5	53.7	35.2	0.17	0.38	正常
15:00	关闭风机。干燥器内残存物料及出料袋内物料总和2274g,取样100g,粉尘1.4g	33.2	40	39.6	33.4	39.1	34.9	0	0	正常

表 8.6　样品分析数据表

序号	时间/s	取样/g	烘干后质量/g	失水量/g	干基含水量/(kg/kg)	干燥速率/(kg 水/s)
1	0	20	18.2	1.8	0.0989	3.62319×10^{-7}
2	600	20	18.4	1.6	0.0870	1.8018×10^{-7}
3	1200	20	18.5	1.5	0.0811	1.79211×10^{-7}
4	1800	20	18.6	1.4	0.0753	1.78253×10^{-7}
5	2400	20	18.7	1.3	0.0695	1.77305×10^{-7}
6	3000	20	18.8	1.2	0.0638	1.76367×10^{-7}
7	3600	20	18.9	1.1	0.0582	1.75467×10^{-7}

(1) 物料量计算举例：

总进料量＝2500g

总出料量＝2274＋100＋1.4＝2375.4(g)

干燥过程中物料失水量计算：

原料含水量＝1.8/18.2＝0.0989(kg 水/kg 绝干物料)

干燥后样品平均含水量＝(1.6＋1.5＋1.4＋1.3＋1.2＋1.1)/(18.4＋18.5＋18.6＋18.7＋18.8＋18.9)＝0.0724(kg 水/kg 绝干物料)

失水量约为 2374×(0.0989－0.0724)＝62.9(g)

经过计算，除去失水量，进料量和出料量基本一致。考虑干燥过程中有物料损失，说明实训数据是正确的。

(2) 干燥速率计算：取表 8.6 中第二组数据为例

$G_1=G_2=20$g　　$G_C=18.2$g

$X_1=1.8\div18.2=0.0989$(kg 水/kg 绝干物料)

$X_2=1.6\div18.4=0.087$(kg 水/kg 绝干物料)

$U_1=G_C\times(X_1-X_2)/1000/600=3.62\times10^{-7}$(kg 水/s)

式中　G_i——取样量，g；

　　　G_C——绝干物料质量，g；

　　　X_i——干基含水量，kg/kg；

　　　U_i——干燥速率，kg 水/s。

二、任务单

1. 实训内容

_____

_____

_____

_____

_____

_____

2. 基本原理

3. 实训步骤

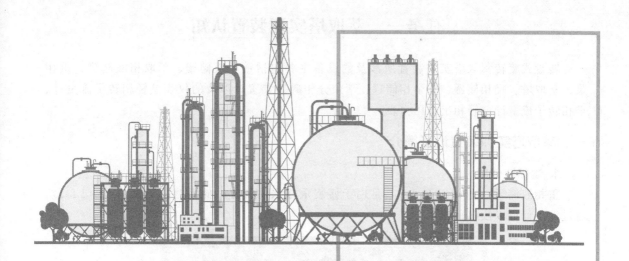

模块九

萃取塔实训

本实训装置是用水来萃取煤油溶液中的苯甲酸，与模块六中萃取原理相似，本实训装置在模块六实训装置的基础上进行了放大，处理能力由原来的重相进料12L/h，增加至20L/h；为了适应进料量的变化，本实训装置相比于模块六的萃取实验装置，调速电机的频率由不足10Hz增加至50Hz、70Hz，用于观察不同转速下的萃取效果。

任务一　萃取塔实训装置认知

转盘式旋转萃取塔实训装置所涉及的设备主要包括重相液储罐、萃取相液储罐、重相泵、萃取塔、轻相储罐、萃余相储罐、萃余分相罐等装置，涉及的仪表是轻相转子流量计、重相转子流量计、轻相出口压力表。

一、萃取塔实训装置设备简介

1. 重相液储罐

重相液储罐（V101，图9.1）是用于盛装重相水的装置，储液罐上有液位计（LI01），通过液位计可以读出重相液位。

图9.1　重相液储罐

2. 萃取相液储罐

重相水经过与轻相煤油相接触后，煤油中的溶质苯甲酸被重相水萃取，进入重相水中，重相中溶解苯甲酸而形成萃取相，从萃取塔中流出存放于萃取相液储罐（V102，图9.2）

图9.2　萃取相液储罐

中。储液罐上装有液位计（LI02），通过液位计读出萃取相液位。

3. 重相泵

重相泵（P101，图9.3）用于将重相水输送至萃取塔（T101）中。

图9.3 重相泵

4. 萃取塔

本塔（图9.4）为往复筛板式萃取塔，塔身采用硬质硼硅酸盐玻璃管，塔顶和塔底玻璃管端扩口处，通过增强酚醛压塑法兰、橡皮圈、橡胶垫片与不锈钢法兰联结，密封性能好。塔内设有数个环形隔板，将塔身分段。每段设有在同轴上安装的由转盘组成的搅拌装置。搅拌转动轴底端装有轴承，顶端经轴承穿出塔外与安装在塔顶上的电机主轴相连。电动机为直流电动机，通过调压变压器改变电机电枢电压的方法作无级变速。操作时的转速控制由指示

图9.4 萃取塔

仪表给出相应的电压值来控制。塔下部和上部轻重两相的入口管分别在塔内向上或向下延伸，分别形成两个分离段，轻重两相将在分离段内分离。萃取塔（T101）的有效高度 H 为轻相入口管管口到两相界面之间的距离。

5. 轻相储罐

轻相储罐（V103，图 9.5）是用于盛装轻相煤油（溶有苯甲酸）的装置，储液罐上有液位计（LI03），通过液位计可以读出轻相液位。

图 9.5 轻相储罐

6. 萃余相储罐

轻相煤油经过与重相水接触后，煤油中的溶质苯甲酸被重相水萃取，进入重相水中，轻相中只剩残余少量苯甲酸而形成萃余相，从萃取塔顶中流出存放于萃余相储罐（V104，图 9.6）中。储液罐上装有液位计（LI04），通过液位计读出萃余相液位。

图 9.6 萃余相储罐

7. 萃余分相罐

萃取过程中，可能有少量重相水进入萃余相中，经过萃余分相罐（V104，图9.7）静止分层后，萃余相最终流入萃余相储罐中储存。

图9.7　萃余分相罐

8. 轻相泵

轻相泵（P102，图9.8）用于将轻相煤油输送至萃取塔（T101）中。

图9.8　轻相泵

萃取实训装置主要设备技术参数如表9.1所示。

表 9.1　萃取实训装置主要设备技术参数

序号	位号	设备名称	主要技术参数	备注
1	T101	萃取塔	$\phi100\sim3000$;振动筛板塔	玻璃
2	V101	萃取剂储罐 S	$\phi100\sim1000$;不锈钢	罐体有玻璃液位计
3	V102	萃取相储罐 E	$\phi100\sim1000$;不锈钢	罐体有玻璃液位计
4	V103	原料液储罐	$\phi100\sim1000$;不锈钢	罐体有玻璃液位计
5	V104	萃余相储罐 R	$\phi100\sim1000$;不锈钢	罐体有玻璃液位计
6	V105	萃余分相罐	$\phi159\sim500$;玻璃	
7	P101	重相泵	WB50/025;不锈钢	
8	P102	轻相泵	WB50/025;不锈钢	
9	P103	往复装置调速电机	MD-3S;$0\sim100$r/min	
10	PI101	重相泵出口压力表	Y-100;$0\sim0.25$MPa	径向
11	PI102	轻相泵出口压力表	Y-100;$0\sim0.25$MPa	径向
12	E101	重相加热器	500W 一组　1000W 一组	
13	E102	轻相加热器	500W 一组　1000W 一组	
14	FIC102	重相文丘里流量计	$\phi20\sim120$;不锈钢	
15	FI101	重相转子流量计	VA10-15F;$4\sim40$L/h	玻璃
16	FIC104	轻相文丘里流量计	$\phi20\sim120$;不锈钢	
17	FI103	轻相转子流量计	VA10-15F;$4\sim40$L/h	玻璃
18	A101	萃取剂取样口	萃取剂原始浓度分析取样	
19	A102	萃取相取样口	萃取相浓度分析取样	
20	A103	原料液取样口	原料浓度分析取样	
21	A104	萃余相取样口	萃余相浓度分析取样	

二、萃取塔实训装置阀门简介

萃取装置涉及的阀门名称及作用如表 9.2 所示。

表 9.2　阀门名称及作用一览表

序号	位号	阀门名称及作用	技术参数	备注
1	VA101	重相转子流量计调节阀	DN25;闸板阀	不锈钢
2	VA102	萃取剂取样口控制阀	DN15;球阀	不锈钢
3	VA103	萃取剂储罐回路调节阀	DN15;球阀	不锈钢
4	VA104	萃取剂储罐放空阀	DN15;球阀	不锈钢
5	VA105	萃取相分析取样控制阀	DN15;球阀	不锈钢
6	VA106	萃取相储罐回路调节阀	DN15;闸板阀	不锈钢
7	VA107	萃取相储罐放空阀	DN15;球阀	不锈钢
8	VA108	萃取剂储罐出口阀	DN15;球阀	不锈钢
9	VA109	重相泵出口压力表控制阀	DN15;球阀	不锈钢
10	VA110	萃取相储罐出口阀	DN15;球阀	不锈钢

续表

序号	位号	阀门名称及作用	技术参数	备注
11	VA111	萃取塔放净阀	DN15；球阀	不锈钢
12	VA112	萃取相循环阀	DN15；球阀	不锈钢
13	VA113	萃余相回路控制阀	DN15；球阀	不锈钢
14	VA114	萃取相出料阀	DN15；电磁阀	不锈钢
15	VA115	萃余相取样口控制阀	DN8；针阀	铜
16	VA116	轻相转子流量计调节阀	DN25；闸板阀	不锈钢
17	VA117	原料液取样控制阀	DN15；球阀	不锈钢
18	VA118	原料液回路调节阀	DN15；闸板阀	不锈钢
19	VA119	萃余分相罐放净阀	DN15；球阀	不锈钢
20	VA120	原料液储罐放空阀	DN15；球阀	不锈钢
21	VA121	萃余相储罐放空阀	DN15；球阀	不锈钢
22	VA122	原料液储罐出口阀	DN15；球阀	不锈钢
23	VA123	萃余相储罐出口阀	DN15；球阀	不锈钢
24	VA124	轻相泵出口压力表控制阀	DN15；球阀	不锈钢
25	VA125	轻相进料管线放净阀	DN15；球阀	不锈钢
26	VA126	管路排空阀	DN15；球阀	不锈钢
27	VA127	管路排空阀	DN15；球阀	不锈钢

萃取装置涉及的阀门实物图如图9.9、图9.10所示。

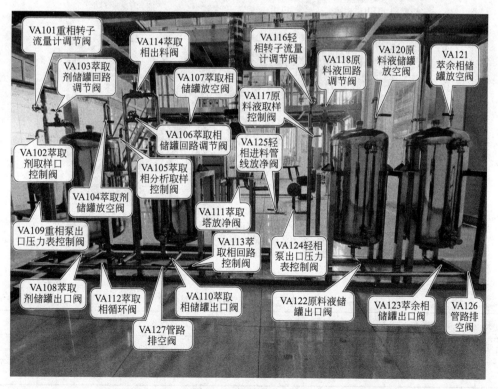

图9.9 阀门简介（1）

图 9.10 阀门简介（2）

三、萃取塔实训装置仪表简介

萃取实训装置仪表简介见图 9.11，仪表检测参数见表 9.3。

图 9.11 仪表简介

表 9.3 萃取实训装置仪表检测参数

序号	测量参数	仪表位号	检测仪表	显示仪表	表号	执行机构
1	重相进料流量	FI101	转子流量计	就地		
2	轻相进料流量	FI103	转子流量计	就地		

续表

序号	测量参数	仪表位号	检测仪表	显示仪表	表号	执行机构
3	轻相入口温度	TIC104	Pt100温度计	AI-519FX3S4	B3	加热棒1
4	轻相出料温度	TI103	Pt100温度计	AI-501FS	B4	
5	萃取塔塔底温度	TI105	Pt100温度计	AI-501FS	B5	
6	萃取塔塔顶温度	TI101	Pt100温度计	AI-501FS	B6	
7	重相入口温度	TIC102	Pt100温度计	AI-519FX3S4	B7	加热棒2
8	振动电机调速	PI104		110ZYT52	B9	交流电机
9	重相泵变频UF1	P101		E310-401-H3	S1	重相泵
10	轻相泵变频UF2	P102		E310-401-H3	S2	轻相泵

四、萃取塔实训装置流程简介

萃取设备中，实现液-液萃取的基本要求是液体分散和两液相的相对流动与分层。为了使溶质更快地从原料液进入萃取剂，必须要求两相充分接触并伴有较高程度的湍动。由于液滴表面积即为两相接触的传质面积，显然液滴越小，两相的接触面积就越大，传质也就越快。还要求分散的两相必须进行相对流动以实现液滴聚集与两相分层。比较常用的萃取装置是萃取塔。为了满足上述条件，取得满意的萃取效果，萃取塔应具有分散装置，以提供两相间较好的混合条件；同时，塔顶、塔底应有足够的分离空间，以使两相很好地分层。由于使两相混合和分散所采用的措施不同，因此出现了不同结构、形式的萃取塔。其中，连续逆流接触塔式设备应用较广，其中两相逆流、连续接触、连续传质，两液相的组成也连续变化。

往复筛板萃取塔是将若干层筛板按一定间距固定在中心轴上，由塔顶的传动机构驱动作往复运动。往复频率一般为50Hz。当筛板向上运动时，迫使筛板上侧的液体经筛孔向下喷射；反之，当筛板向下运动时，又迫使筛板下侧的流体向上喷射，液体在往复的喷射过程中，不断地完成了液滴的分散、更新以及两相间的相对流动，可较大幅度地增加两相接触面积和提高液体的湍动程度，从而使传质效率提高。

往复筛板萃取塔的效率与塔板的往复频率密切相关，当振幅一定时在不发生乳化和液泛的前提下，传质效率随筛板频率而提高。本实训装置采用的就是往复筛板萃取塔。

萃取装置流程简介：

萃取剂水从储罐V101通过重相泵P101、转子流量计F102至萃取塔T101塔顶进入。

原料液（苯甲酸煤油溶液）从储罐V103经轻相泵P102、转子流量计F104至萃取塔底部进入，两相在塔内逆流接触。

筛板在塔顶调速电机的控制下作上下往复运动，强化两相间混合条件，使苯甲酸逐渐从原料液中转移至萃取相中。所以，轻相由下至上苯甲酸浓度逐渐减少，重相从上至下苯甲酸浓度逐渐增加。萃余相至塔顶聚集，经萃余分相罐V105最终流入萃余相储罐。萃取相液位通过塔顶中浮标控制，当重相液位达到一定时，浮标浮起，控制电磁阀门VA114自动开启，使萃取相从塔底经阀门VA113、电磁阀门VA114，最终流入萃取相储罐V102中，从而完成萃取操作。

萃取实训装置工艺流程图如图 9.12 所示。

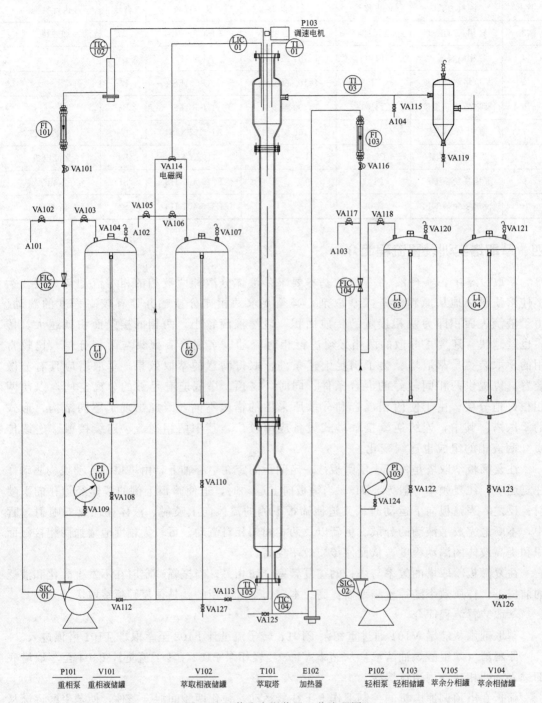

P101	V101	V102	T101	E102	P102	V103	V105	V104
重相泵	重相液储罐	萃取相液储罐	萃取塔	加热器	轻相泵	轻相储罐	萃余分相罐	萃余相储罐

图 9.12 萃取实训装置工艺流程图

五、控制面板简介

萃取实训装置控制仪表面板图如图 9.13、图 9.14 所示。

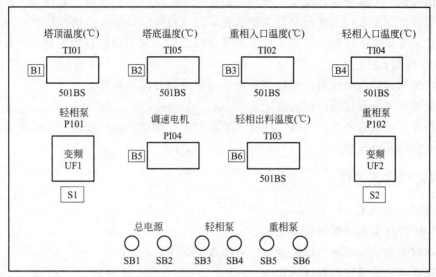

图 9.13 萃取实训装置控制仪表面板图

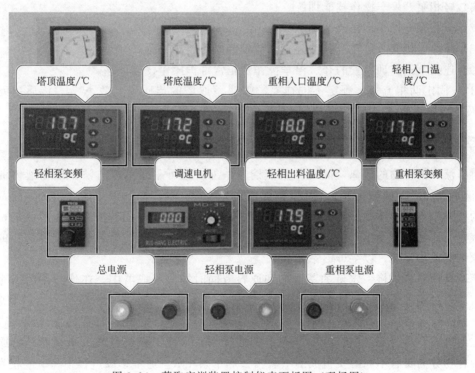

图 9.14 萃取实训装置控制仪表面板图（现场图）

任务二　萃取装置操作

一、萃取装置实训目的

（1）了解萃取操作基本原理和基本工艺流程，了解萃取塔等主要设备的结构特点、工作原理和性能参数，了解液位、流量、压力、温度等工艺参数的测量原理和操作方法。

（2）能够根据工艺要求进行萃取生产装置的间歇或连续操作；能够在操作进行中熟练调控仪表参数，保证生产维持在工艺条件下正常进行。能实现手动和自动无扰切换操作。能熟练操控 DCS 控制系统。

（3）能根据异常现象分析判断故障种类、产生原因并排除异常。

（4）能够完成萃取过程的性能测定。

（5）培养学生具有安全、规范、环保、节能的生产意识及敬业爱岗、严格遵守操作规程的职业道德和团队合作精神。

二、萃取装置实训内容

（1）识图技能训练。
（2）指定浓度原料液配制技能训练。
（3）萃取相和萃余相进出口浓度分析方法技能训练。
（4）熟悉萃取塔操作规程技能训练。
（5）制订萃取塔操作记录表技能训练。
（6）轻相泵开停车操作技能训练。
（7）重相泵开停车操作技能训练。
（8）脉冲电机开、停车及脉冲频率调节控制操作技能训练。
（9）连续萃取实训装置的开、停车操作及正常维护操作技能训练。
（10）固定两相流量，测定不同往复频率时萃取塔的传质单元数 N_{OE}、传质单元高度 H_{OE} 及总传质系数 $K_{YE}a$。

三、萃取装置实训原理

对于液体混合物的分离，除可采用蒸馏方法外，还可采用萃取方法。即在液体混合物（原料液）中加入一种与其基本不相溶的液体作为溶剂，利用原料液中的各组分在溶剂中溶解度的差异来分离液体混合物。此即液-液萃取，简称萃取。选用的溶剂称为萃取剂，以字母 S 表示，原料液中易溶于 S 的组分称为溶质，以字母 A 表示，原料液中难溶于 S 的组分称为原溶剂或稀释剂，以字母 B 表示。

萃取操作一般是将一定量的萃取剂和原料液同时加入萃取器中，在外力作用下充分混合，溶质通过相界面由原料液向萃取剂中扩散。两液相由于密度差而分层。一层以萃取剂 S 为主，溶有较多溶质，称为萃取相，用字母 E 表示，另一层以原溶剂 B 为主，且含有未被萃取完的溶质，称为萃余相，以 R 表示。萃取操作并未把原料液全部分离，而是将原来的液体混合物分为具有不同溶质组成的萃取相 E 和萃余相 R。通常萃取过程中一个液相为连续相，另一个液相以液滴的形式分散在连续的液相中，称为分散相。液滴表面积即为两相接触的传质面积。

本实训操作中，以水为萃取剂，从煤油中萃取苯甲酸。所以，水相为萃取相（又称为连续相、重相）用字母 E 表示，煤油相为萃余相（又称为分散相、轻相）用字母 R 表示。萃取过程中，苯甲酸部分地从萃余相转移至萃取相。

液-液萃取作为分离和提纯物质的重要单元操作之一，在石油化工、生物化工、精细化工等领域得到广泛应用。

四、萃取装置实训操作

1. 指定浓度原料液配制

实训要求原料液浓度约为苯甲酸含量0.2%（质量分数）的煤油溶液。以准备40L煤油溶液为例练习配制。

加入苯甲酸量的确定：

苯甲酸原料液浓度＝溶质苯甲酸A质量(kg)/原溶剂煤油B质量(kg)

已知煤油密度＝800kg/m³，煤油体积40L＝0.4m³

溶质苯甲酸A质量(kg)＝原溶剂煤油B质量(kg)×苯甲酸原料液浓度
　　　　　　　　　　＝煤油体积×煤油密度×苯甲酸原料液浓度
　　　　　　　　　　＝0.4×800×0.002＝0.064(kg)＝64(g)

2. 原料的配制

(1) 首先将40L的煤油溶液加入原料液储罐V103中。

(2) 用托盘天平称取约64g苯甲酸，放入玻璃烧杯中，用少许煤油溶解后倒入原料液储罐。

(3) 混料操作：首先关闭VA123、VA126、VA116、VA117等阀门，打开VA122、VA118两阀门，开启轻相泵，使原料循环流动充分混合。此过程持续10~15min。

(4) 从取样口A103取样大约30mL，滴定分析确定原料浓度，符合要求，即可开始后续操作。

3. 萃取相和萃余相进出口浓度分析

用滴定分析法测定各样品浓度方法，具体方法如下。

(1) 配制好0.01mol/L左右的NaOH标准溶液及酚酞指示剂备用。

(2) 萃取相（水相）浓度分析：用移液管移取水相样品25.00mL，放入250mL锥形瓶中，以酚酞做指示剂，用NaOH标准溶液滴定，至样品由无色变为紫红色即为终点。

(3) 萃余相（煤油相）和原料液浓度分析：用移液管移取煤油相样品20.00mL，放入250mL锥形瓶中，然后再移取20.00mL的去离子水，放入瓶内充分摇匀，以酚酞作指示剂，用NaOH标准溶液滴定样品由无色至紫红色即为终点。注意滴定中要边滴定边充分摇动。

(4) 溶液浓度计算

萃余相浓度计算：

$$X_{Rt} = \frac{V_{NaOH} \times c_{NaOH} \times M_{苯甲酸}}{20 \times 800} \text{（kg 苯甲酸/kg 煤油）}$$

萃取相浓度计算：

$$Y_{Eb} = \frac{V_{NaOH} \times c_{NaOH} \times M_{苯甲酸}}{25 \times 1000} \text{（kg 苯甲酸/kg 水）}$$

注：水密度应以当时操作温度条件下的密度为准。

4. 轻相泵开停车操作

利用对原料液储罐的循环操作进行练习。

循环路径为P102—VA118—V103—VA122—P102。

(1) 检查离心泵是否处于良好状态；检查泵的出入口管线、阀门、法

萃取塔实训装置
开车准备操作

兰等是否完好；压力表指示是否为零；检查循环回路是否顺畅，检查V103内液位应达到2/3以上（图9.15、图9.16）。

图9.15 检查离心泵压力表流量计完好

图9.16 检查储罐液位

（2）关闭离心泵出口阀门VA118（即原料液回路调节阀）、VA124，打开阀门VA120、VA122（图9.17）。

图 9.17　离心泵开泵前操作

（3）按下轻相泵启动按钮启动泵（图 9.18），打开 VA124，待离心泵出口压力达到 0.12MPa（表压）左右时，缓慢打开出口阀门 VA118，形成循环流动。可逐渐增大阀门开度，调节流量（图 9.19）。

图 9.18　启动轻相泵

（4）运转中注意检查泵内有无噪声和振动现象，压力表和电流表指针摆动是否稳定，检查泵密封泄漏状况，保持泵体和电机的清洁（图 9.20）。

图 9.19　开启轻相泵出口阀门

图 9.20　检查泵运行状态

(5) 关泵时，先关闭出口阀门 VA118（防止倒流），再切断电动机电源停电动机（按下开关按钮）。关闭压力表控制阀 VA124。操作过程见图 9.21 和图 9.22。

(6) 若较长时间不使用，应利用阀门 VA126，将泵和管路内的积液放净（图 9.23），以免锈蚀和冰冻。

图 9.21 关闭轻相泵出口阀门和压力表控制阀

图 9.22 关闭轻相泵

5. 重相泵开停车操作

利用对重相储罐的循环操作进行练习。

循环路径为 P101—VA103—V1031—VA108—P101。

(1) 检查离心泵是否处于良好状态；检查泵的出入口管线、阀门、法兰等是否完好；压力表指示是否为零；检查循环回路是否顺畅，检查 V101 内液位应达到 3/4 以上（如

图 9.23 放净管路内液体

图 9.24、图 9.25 所示)。

图 9.24 检查离心泵是否处于良好状态

图 9.25 检查储槽内液位

（2）关闭离心泵出口阀门 VA103（即萃取剂储罐回路调节阀）、VA109，打开阀门 VA107、VA108（图 9.26）。

图 9.26 关闭离心泵出口阀门

(3) 按下重相泵启动按钮启动泵（图 9.27），打开 VA109，待离心泵出口压力达到 0.08MPa 左右时，缓慢打开出口阀门 VA103（图 9.28），形成循环流动。可逐渐增大阀门开度，调节流量。

图 9.27　启动重相泵

图 9.28　开启重相泵出口阀

(4) 运转中注意检查泵内有无噪声和振动现象，压力表和电流表指针摆动是否稳定，检查泵密封泄漏状况，保持泵体和电机的清洁（图 9.29）。

图 9.29 检查泵运行状态

(5) 关泵时，先关闭泵出口阀门 VA103（防止倒流），再切断电动机电源停电动机（按下红色按钮）。关闭压力表控制阀 VA109。操作过程见图 9.30 和图 9.31。

(6) 若较长时间不使用，应利用阀门 VA127，将泵和管路内的积液放净，以免锈蚀和

图 9.30 关闭重相泵的出口阀门

模块九　萃取塔实训 | 241

图 9.31 关闭重相泵

冰冻（图 9.32）。

图 9.32 排净重相泵内液体

6. 脉冲电机开、停车及脉冲频率调节控制操作

（1）检查萃取塔、溶液储罐、加热器、管道等是否完好；阀门、分析取样点是否灵活好用；机泵试车是否正常；电器仪表是否灵敏准确。

（2）向重相液储罐 V101 加水至 3/4 处，向轻相液储罐 V103 加煤油至 2/3 处（图 9.33）。

图 9.33 检查储液罐内液位

（3）顺次关闭阀门 VA118、VA103、VA101、VA112、VA113、VA109。打开阀门 VA108，然后启动重相泵 P101，打开 VA109，当出口压力达到 0.1MPa 左右时，打开 VA101，使流体通过流量计从萃取塔顶进入。操作过程见图 9.34～图 9.37。

图 9.34 关闭重相泵出口阀门

图9.35 打开萃取剂储罐出口阀门

图9.36 启动重相泵

（4）重相转子流量计可控制较大流量，以尽快使塔内液位达到要求。塔内重相液位达到

图 9.37 打开重相泵出口阀门及出口压力表控制阀

塔顶扩充段时，停泵，关闭 VA101。操作过程见图 9.38～图 9.41。

图 9.38 调节重相转子流量计

图9.39 补充重相液至塔内

图9.40 关闭重相泵出口阀门

(5) 启动调速电机开关,将频率控制在50Hz (图9.42),观察往复式筛板的运动情况及液体流动状态 (图9.43)。

图 9.41 关闭重相泵

图 9.42 启动调速电机调节电机频率为 50Hz

(6) 改变振动电机频率至 70Hz，观察往复式筛板的运动情况及液体流动状态。熟练掌握其操作后，切断调速电机电源（见图 9.44）。

图 9.43 观察筛板的运动情况及流体流动状态

图 9.44 关闭调速电机电源

248 | 化工单元装置实训

7. 连续萃取实训装置的开、停车操作及正常维护操作

（1）实训前的准备

配制好苯甲酸浓度约 0.2% 的煤油溶液 40~50L，置于原料液储罐 V103 中备用（图 9.45）。

图 9.45　配制好苯甲酸原料液置于原料液储罐中

（2）重相泵开车

按下述内容进行操作，注意当塔内重相液位达到扩充段时，关小阀门 VA101 开度，减小流量至 20L/h 并保持。打开阀门 VA113。

① 检查萃取塔、溶液储罐、加热器、管道等是否完好；阀门、分析取样点是否灵活好用；机泵试车是否正常；电器仪表是否灵敏准确（图 9.49）。

② 向重相液储罐 V101 加水至 3/4 处，向轻相液储罐 V103 加煤油至 2/3 处（图 9.33）。

③ 顺次关闭阀门 VA118、VA103、VA101、VA112、VA113、VA109。打开阀门 VA108，然后启动重相泵 P101，打开 VA109，当出口压力达到 0.02MPa 左右时，打开 VA101，使流体通过流量计从萃取塔顶进入。

④ 重相转子流量计可控制较大流量，以尽快使塔内液位达到要求。注意当塔内重相液位达到扩充段时，关小阀门 VA101 开度，减小流量至 20L/h 并保持。打开阀门 VA113（图 9.46）。

（3）轻相泵开车

请参照下述内容进行操作。

① 检查离心泵是否处于良好状态；检查泵的出入口管线、阀门、法兰等是否完好；压力表指示是否为零；检查循环回路是否顺畅，检查 V103 内液位应达到 2/3 以上。操作过程见图 9.47 和图 9.48。

图9.46 保持重相流量

图9.47 检查流量计、压力表、泵是否处于良好状态

② 关闭离心泵出口阀门 VA118（即原料液回路调节阀）、VA124，打开阀门 VA120、VA122（图9.49）。

③ 按下轻相泵启动按钮启动泵，打开 VA124，待离心泵出口压力达到 0.08MPa 左右时，缓慢打开出口阀门 VA116，缓慢开启 VA116，调节流量到约 20L/h（图9.50）。

图 9.48 检查液位是否稳定

图 9.49 调节阀门

④ 启动调速电机开关（按下绿色按钮），将频率控制在 50Hz，观察往复式筛板的运动情况、萃取塔内液滴分散情况及液体流动状态。

⑤ 操作中，注意随时调节维持两相流量的稳定，15min 左右记录一组数据，保持稳定状态，此时塔顶轻相液位逐渐上升，通过萃余分相罐流入萃余相储罐。同时油水分离

图 9.50　打开轻相泵出口阀门

界面上升到设定值,电磁阀门 VA114 开启,使萃取相从塔底经 VA113,流入萃取相储罐(图 9.51)。

图 9.51　读数及数据记录

⑥ 维持稳定传质状态 30min,分别从 A103 塔底轻相取样口(原料液取样口)、A104 塔顶轻相取样口(萃余相取样口)、A102 萃取相取样口取样,用滴定分析法测定各个样品浓

度，并做好记录（图9.52）。

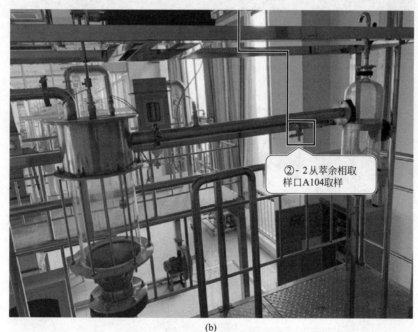

图9.52 取样

⑦ 改变振动电机振动频率为70Hz，观察往复式筛板的运动情况、萃取塔内液滴分散情况及液体流动状态，并与50Hz时的液滴分散状态进行比较，获得最直接的感性认识。

⑧ 维持稳定传质状态30min，分别从A103塔底轻相取样口（原料液取样口）、A104塔顶轻相取样口（萃余相取样口）、A102萃取相取样口取样，用滴定分析法测定各个样品浓

度，并做好记录。

⑨ 实训结束后，先关闭两相流量计VA101和VA116阀门停止加料（图9.53），再关停调速电机，然后关停轻相泵、重相泵。最后切断总电源（图9.54）。

图9.53　关闭泵出口阀门

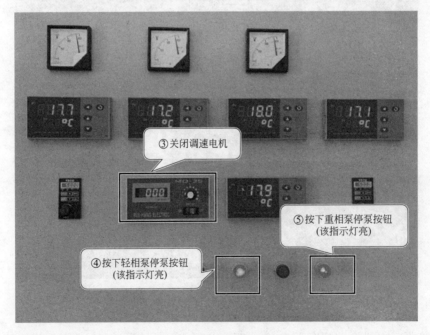

图9.54　关闭泵的电源

⑩ 做好实训收尾工作，保持实训装置和分析仪器干净整洁，一切恢复原始状态。滴定分析后的废液集中存放和回收。

8. 测定传质单元数和传质单元高度及总传质系数

固定两相流量，测定不同往复频率时萃取塔的传质单元数 N_{OE}、传质单元高度 H_{OE} 及总传质系数 $K_{YE}a$。

萃取塔实训装置
停车操作

该项目操作过程请参照连续萃取实训装置的开、停车操作及正常维护操作进行，轻相和重相参考流量 20L/h，分别测定往复振动频率 50Hz 和 70Hz（或 60Hz 和 80Hz）时萃取塔的性能参数，数据处理详见表 9.7 实训数据处理结果。

萃取塔实训操作考核项目：

（1）完成轻相和重相进料量稳定在 20L/h 下、振动频率为 60Hz 的连续萃取操作。

（2）完成对萃取操作初始和终了轻相和重相浓度的测定和计算，提供完整规范的数据表格及计算过程。

（3）对数据做出符合理论依据的解释并对实训结果的优劣做出评价。

9. 萃取塔操作注意事项

（1）为使实训现象特征明显，实训数据更加科学，操作中要注意保持两相流量处于稳定状态。开车时，重相和轻相进料不够稳定，从转子流量计反映为浮子上下跳动很难稳定。此时，可将阀门 VA103 和 VA118 关小甚至全关，完全通过转子流量计调节阀门 VA101 和 VA116 来控制流量，可以有效改善这种现象。

（2）再次进行萃取操作时，开车前，应把萃余分相罐 V105 和萃余相储罐 V104 中的液体抽回原料罐 V103 中，便于重复使用。使用前要进行原料分析，低于原料浓度要求时，要补充苯甲酸，具体加入的量和操作请参照指定浓度原料液配制。

（3）再次进行萃取操作时，萃取相储罐中的液体可以重复使用，把 V102 中的液体倒回 V101，并对萃取相的初始浓度分析记录，用于后续计算。

五、记录数据表格

数据记录表见表 9.4 和表 9.5。

表 9.4 萃取塔操作原始数据记录表   日期：

序号	时间	变频		流量/(L/h)				温度/℃					压力/kPa	
		S1UF1	S2UF1	FI101	FIC102	FI103	FIC104	TI101	TIC102	TI103	TIC104	TI105	PI101	PI102

表 9.5 萃取塔操作溶液浓度分析数据记录表   日期：

序号	时间	塔底轻相样品体积/mL	消耗标液 NaOH/mL	塔顶轻相样品体积/mL	消耗标液 NaOH/mL	塔底重相样品体积/mL	消耗标液 NaOH/mL

六、萃取塔实训操作异常现象排除训练

异常现象、产生原因及处理思路见表9.6。

表9.6 萃取塔实训操作异常现象、产生原因及处理思路表

序号	异常现象	产生原因分析	处理思路	解决办法	备注
1	重相无液体流动	输水管路堵塞、离心泵不工作	检查离心泵及管路		
2	油水界面升高	出水管路堵塞	检查管路		
3	筛板不运动	电机损坏	检查萃取塔和电机		
4	设备突然停止、仪表柜断电	停电或设备漏电	检查仪表柜电路		

任务三 数据处理

一、数据处理过程

本实训采用的是水从煤油中萃取苯甲酸,考虑水与煤油完全不互溶,且苯甲酸在两相中的浓度都很低,所以认为在萃取过程中两相液体的体积流量不发生变化。

(1) 按萃取相计算的传质单元数 N_{OE} 计算公式为

$$N_{OE} = \int_{Y_{Et}}^{Y_{Eb}} \frac{dY_E}{Y_E^* - Y_E} \tag{9.1}$$

式中 Y_{Et} ——苯甲酸在进入塔顶的萃取相中的质量比组成,kg 苯甲酸/kg 水,本实训中 $Y_{Et}=0$;

Y_{Eb} ——苯甲酸在离开塔底萃取相中的质量比组成,kg 苯甲酸/kg 水;

Y_E ——苯甲酸在塔内某一高度处萃取相中的质量比组成,kg 苯甲酸/kg 水;

Y_E^* ——与苯甲酸在塔内某一高度处萃余相组成 X_R 成平衡的萃取相中的质量比组成,kg 苯甲酸/kg 水。

用 $Y_E - X_R$ 图上的分配曲线(平衡曲线)与操作线可求得 $\frac{1}{Y_E^* - Y_E} - Y_E$ 关系,然后进行图解积分或用辛普森积分法可求得 N_{OE}。

(2) 按萃取相计算的传质单元高度 H_{OE}

$$H_{OE} = \frac{H}{N_{OE}} \tag{9.2}$$

式中 H ——萃取塔的有效高度,m;

H_{OE} ——按萃取相计算的传质单元高度,m。

(3) 按萃取相计算的体积总传质系数

$$K_{YE}a = \frac{S}{H_{OE}\Omega} \tag{9.3}$$

式中 S ——萃取相中纯溶剂的流量,kg 水/h;

Ω——萃取塔截面积,m^2;

$K_{YE}a$——按萃取相计算的体积总传质系数,kg 苯甲酸/[$m^3 \cdot h \cdot$(kg 苯甲酸/kg 水)]。

同理,本实训也可以按萃余相计算 N_{OR}、H_{OR} 及 $K_{XR}a$。数据处理结果如表 9.7 所示。

表 9.7 实训数据处理结果

萃取塔塔型:往复筛板式萃取塔;萃取塔内径:100mm;溶质 A:苯甲酸;稀释剂 B:煤油;萃取剂 S:水;流量计转子密度:7900kg/m^3;重相密度:995.9kg/m^3;轻相密度:800kg/m^3;萃取塔有效高度:1.8m;塔内温度:29.8℃

项目			实验序号	
			1	2
	振动电机往复频率/Hz		60	80
	水流量/(L/h)		22.8	17.8
	煤油流量/(L/h)		19.8	21
	煤油实际流量/(L/h)		22.123	23.464
	NaOH 溶液浓度/(mol/L)		0.01079	0.01079
浓度分析	塔底轻相 X_{Rb}	样品体积/mL	10	10
		NaOH 溶液用量/mL	12.2	12.3
	塔顶轻相 X_{Rt}	样品体积/mL	10	10
		NaOH 溶液用量/mL	2.7	0.4
	塔底重相 Y_{Bb}	样品体积/mL	25	25
		NaOH 溶液用量/mL	3.4	5.7
计算及实验结果	塔底轻相浓度 X_{Rb}/(kg A/kg B)		0.00201	0.00202
	塔顶轻相浓度 X_{Rt}/(kg A/kg B)		0.00044	0.00007
	塔底重相浓度 Y_{Bb}/(kg A/kg B)		0.00018	0.00030
	水流量 S/(kg S/h)		22.8	17.8
	煤油流量 B/(kg B/h)		22.123	23.464
	传质单元数 N_{OE}(图解积分)		1.93	3.98
	传质单元高度 H_{OE}/m		0.777	0.377
	体积总传质系数 $K_{YE}a$/{kgA/[$m^3 \cdot h \cdot$(kg A/kg S)]}		4789.09	9875.95

二、数据处理结果

数据处理结果(实际处理过程)见表 9.8。

表 9.8 实训数据处理结果

萃取塔塔型:往复筛板式萃取塔;萃取塔内径:100mm;溶质 A:苯甲酸;稀释剂 B:煤油;萃取剂 S:水;流量计转子密度:7900kg/m^3;重相密度:995.9kg/m^3;轻相密度:800kg/m^3;萃取塔有效高度:1.8m;塔内温度:29.8℃

项目	实验序号	
	1	2
振动电机往复频率/Hz		
水流量/(L/h)		
煤油流量/(L/h)		
煤油实际流量/(L/h)		
NaOH 溶液浓度/(mol/L)		

续表

项目			实验序号	
			1	2
浓度分析	塔底轻相 X_{Rb}	样品体积/mL		
		NaOH 溶液用量/mL		
	塔顶轻相 X_{Rt}	样品体积/mL		
		NaOH 溶液用量/mL		
	塔底重相 Y_{Bb}	样品体积/mL		
		NaOH 溶液用量/mL		
计算及实验结果	塔底轻相浓度 X_{Rb}/(kg A/kg B)			
	塔顶轻相浓度 X_{Rt}/(kg A/kg B)			
	塔底重相浓度 Y_{Bb}/(kg A/kg B)			
	水流量 S/(kg S/h)			
	煤油流量 B/(kg B/h)			
	传质单元数 N_{OE}(图解积分)			
	传质单元高度 H_{OE}/m			
	体积总传质系数 $K_{YE}a$/{kg A/[m^3·h·(kg A/kg S)]}			

参 考 文 献

[1] 夏清,贾绍义. 化工原理 [M]. 2版. 天津:天津大学出版社,2012.
[2] 何景莲,程忠玲. 化工单元操作 [M]. 2版. 北京:石油工业出版社,2018.
[3] 马江权,冷一欣. 化工原理课程设计 [M]. 2版. 北京:中国石化出版社,2011.
[4] 张金利. 化工原理实验 [M]. 2版. 天津:天津大学出版社,2016.
[5] 王卫东,徐洪军. 化工原理实验 [M]. 北京:化学工业出版社,2017.
[6] 贾绍义,柴诚敬. 化工单元操作课程设计 [M]. 天津:天津大学出版社,2011.
[7] 朱淑艳,茹立军. 化工单元操作 [M]. 天津:天津大学出版社,2019.